Exotische Früchte selbst ziehen

KOSMOS

Dr. Gabriele Lehari

Exotische Früchte selbst ziehen

KOSMOS

Inhalt

Vom Samen zur Pflanze

Faszinierende Exoten

Die meisten exotischen Früchte enthalten Samen, aus denen man mit relativ einfachen Mitteln neue Pflänzchen ziehen kann.

Mit der exotischen Frucht fängt es an

Vor nicht allzu langer Zeit waren viele exotische Früchte wie zum Beispiel Litschi, Mango oder Kumquat nur selten bei uns auf dem Markt zu finden und besonders in den Wintermonaten eine begehrte Abwechslung im angebotenen Obstsortiment. Dank der immer schnelleren und schonenderen Transportmöglichkeiten sind heute dagegen viele exotische Früchte regelmäßig, manchmal sogar das ganze Jahr über, erhältlich. Viele reizt nicht nur der andersartige Geschmack und das außergewöhnliche Aussehen dieser Früchte, sondern auch die Möglichkeit, aus den in ihnen enthaltenen Samen neue Pflänzchen selbst zu ziehen. Und wer gerne von fernen Ländern und tropischen Stränden träumt, kann sich auf diese Weise etwas exotisches Flair in sein Wohnzimmer holen. Denn exotische Pflanzen aus Früchten selbst zu ziehen ist ein Hobby, das jeder auch ohne eigenen Garten betreiben kann, wobei die notwendigen Samen oder anderen Pflanzenteile meistens direkt den entsprechenden Früchten entnommen und sofort ausgesät werden können.

Frucht und Samen

Die Frucht geht nach erfolgreicher Bestäubung der Blüte aus dem Fruchtknoten hervor. Je nach Beschaffenheit unterscheidet man Einzelfrüchte, Sammelfrüchte und Fruchtstände. Die in diesem Ratgeber beschriebenen Arten bringen alle so genannte Schließfrüchte hervor, das heißt, der Samen wird von der Frucht umschlossen und mit dieser verbreitet. Man unterscheidet Beerenfrüchte, bei denen saftiges Fruchtfleisch einen oder mehrere Samen umschließt, Nussfrüchte, deren hartwandiges Gehäuse den Samen umgibt (manchmal wird auch ein fleischiger Samenmantel ausgebildet wie bei der Litschi) und Steinfrüchte, zu denen neben unserem einheimischen Steinobst die Mango zählt.

Bei Scheinfrüchten sind die eigentlichen Früchte nur in das fleischige Blütenachsengewebe eingebettet. Ein Beispiel hierfür ist die Feige mit den winzigen Nussfrüchten im Innern. Eine Scheinfrucht ist auch die Ananas, die einen ganzen Fruchtstand bildet. Dem fleischigen Gewebe liegen zahlreiche miteinander verwachsene Beerenfrüchte auf.

Im Samen befindet sich der Pflanzenembryo, der eine Keimwurzel und eine Sprossknospe besitzt. Je nachdem, ob es sich um eine ein- oder zweikeimblättrige Pflanze handelt, ist er von ein oder zwei winzigen Keimblättern umgeben. Reservestoffe, die für den Keimvorgang benötigt werden, sind in den Keimblättern oder in dem als *Endosperm* bezeichneten Nährgewebe enthalten. Das Ganze ist von einer mehr oder weniger dick ausgebildeten Samenschale umgeben. Dort, wo der Same in der Frucht befestigt ist, befindet sich eine feine Öffnung, durch die sich beim Keimen die erste Wurzel schiebt. Die Größe eines Samens kann sehr stark variieren, wie der Vergleich eines Mangosamens mit einem Feigensamen verdeutlicht.

Die verschiedenen Fruchtformen

Bei den meisten Pflanzen entstehen die Früchte nach Befruchtung der Blüte und gehen aus dem Fruchtknoten hervor. Die Frucht umschließt die Samen, bis sie reif sind. Die Fruchtwand besteht normalerweise aus drei Schichten: äußere, mittlere und innere Fruchtwand. Danach, wie die einzelnen Schichten ausgebildet sind und wie die Samen schließlich freigesetzt werden, unterscheidet man verschiedene Fruchttypen. Eine Sonderform stellen die Scheinfrüchte dar, bei denen das Fruchtfleisch aus der Blütenachse entsteht. Bei den hier im Buch erwähnten Fruchtarten findet man folgende Fruchttypen.

Beerenfrucht
Die meisten bekannten Früchte zählen zu den Beeren. Ein oder mehrere Samen sind von saftigem Fruchtfleisch umgeben.
Beispiele: Avocado, Dattel, Granatapfel, Guave, Kaki, Kaktusfeige, Kiwi, Kumquat, Melone, Papaya, Passionsfrucht, Baumtomate, Zitrusfrüchte

Steinfrucht
Die fleischig ausgebildete Fruchtwand umschließt einen einsamigen, harten Kern. Die den Samen umgebende Schicht ist durch Holzeinlagerungen so stark verhärtet, dass sie einen Stein bzw. Kern bildet.
Beispiel: Mango

Nussfrucht
Die Fruchtwand ist meistens trocken, mehr oder weniger stark verholzt und umschließt nur einen Samen. Manchmal ist der Samenmantel aber auch fleischig ausgebildet.
Beispiele: Litschi, Rambutan

Schein- oder Sammelfrucht
Die einzelnen Früchte sind mit der fleischig-saftigen Blütenachse verwachsen.
Beispiele: Cherimoya, Feige

Hülse
Der Fruchtknoten entwickelt sich zu einer Hülse, die sich bei Samenreife an zwei Nähten öffnet.
Beispiel: Erdnuss

Fruchtstand
Die eigentliche Frucht setzt sich aus vielen Einzelfrüchten (Beeren, Nüsschen) zusammen.
Beispiel: Ananas

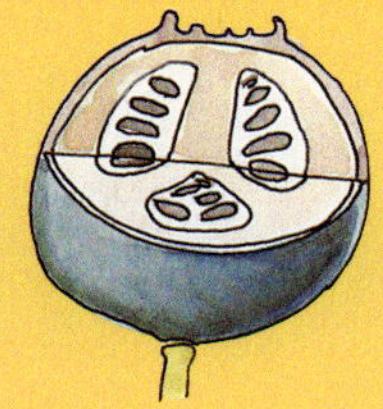

Beerenfrucht

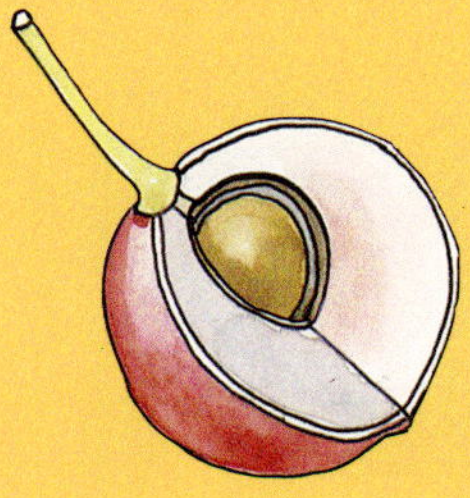

Steinfrucht

Nussfrucht

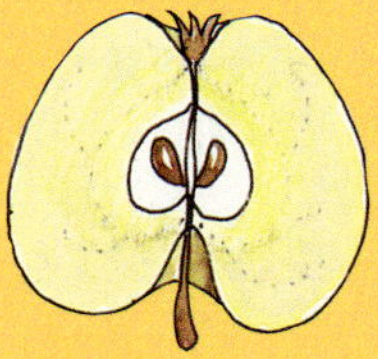

Schein- oder Sammelfrucht

Hülsenfrucht

Fruchtstand

Einfach vermehren

Der Feigenkaktus lässt sich sowohl durch Aussaat der in den Früchten enthaltenen Samen als auch vegetativ durch Blattglieder vermehren.

Aussaat oder vegetative Vermehrung?

Grundsätzlich gibt es zwei verschiedene Arten der Vermehrung von Pflanzen: die geschlechtliche (generative) Vermehrung durch Aussaat der Samen und die ungeschlechtliche, also vegetative Vermehrung, durch Einpflanzen verschiedener Pflanzenteile.

Für die vegetative Vermehrung werden in Ermangelung von Samen bestimmte Pflanzenteile zum Austreiben gebracht. Hierzu gehört u. a. die Vermehrung durch Stecklinge, Absenker und Abmoosen, wie wir sie von vielen Garten- und Kulturpflanzen kennen. Von den hier beschriebenen Arten werden die Ananas (da die Kulturform keine Samen enthält) und der Ingwer, von dem nicht die Früchte, sondern der Wurzelstock verwendet wird, sowie das Zuckerrohr vegetativ vermehrt. Auch Olivenbäumchen lassen sich vegetativ vermehren. Um bei der Vermehrung eine gute Erfolgsquote zu erzielen, sollten die Pflanzenteile möglichst frisch sein. Sind sie schon vertrocknet oder gar welk, verringert sich die Chance auf eine erfolgreiche Bewurzelung. Bei der vegetativen Vermehrung der Ananas kann durch den Einsatz eines Bewurzelungshormons, das in Pulverform im Fachhandel erhältlich ist, die Wurzelbildung gefördert werden.

Die vegetative Vermehrung ermöglicht es, von einer Mutterpflanze genetisch identische Duplikate zu erhalten. Bei der Anzucht aus Samen entstehen dagegen häufig Pflanzen, die den Wildformen ähneln und daher keine oder qualitativ und quantitativ minderwertige Früchte hervorbringen. Denn im Samen ist das Erbgut beider Elternteile kombiniert und es ist daher nicht vorhersehbar, welche Eigenschaften somit an die Nachkommen weitergegeben werden.

Worauf muss man beim Einkauf der Früchte achten?

Die meisten der in diesem Ratgeber beschriebenen Arten werden durch Aussaat vermehrt. Da die Samen nicht unbegrenzt lagerfähig sind und manchmal nur wenige Tage oder Wochen keimfähig bleiben, ist es wichtig, dass sie so schnell wie möglich ausgesät werden. Daher sollten die ausgewählten Früchte möglichst frisch auf den Markt gekommen sein. Dank der schnellen Transport-

Bevor der Avocadokern für die Aussaat in Blumenerde gesetzt werden kann, muss er gründlich vom Fruchtfleisch gereinigt werden.

wege ist diese Frische in der Regel gewährleistet. Allerdings sollte man nach dem Verzehr der Früchte die meisten Samen nicht aufbewahren oder austrocknen lassen, sondern sofort aussäen, da schon ein kurzzeitiges Austrocknen der Samen ein Keimen verhindern kann.
Die Früchte sollten makellos, ohne Druck- und Faulstellen oder Verfärbungen sein. Ist nämlich die Schale beschädigt oder die Frucht nicht mehr einwandfrei, besteht die Gefahr, dass das Fruchtfleisch im Innern verdorben oder zumindest von minderer Qualität ist und dadurch auch die Samen in ihrer Keimfähigkeit beeinträchtigt sind.

Vorbehandlung der Samen

Um einen möglichst guten Keimerfolg zu erzielen, kann es notwendig sein, die Samen zuvor einer speziellen Behandlung zu unterziehen. Manche Samen benötigen zum Beispiel eine gewisse Ruhezeit, um überhaupt keimen zu können. Die Samen der meisten Tropenfrüchte sind allerdings schon keimfähig, wenn man die reifen Früchte erhält. Bei einigen Arten verlieren die Samen bereits ihre Keimfähigkeit, wenn sie einmal trocken geworden sind.
Welche Samen welcher den folgenden aufgeführten Vorbehandlungen unterzogen werden müssen, wird jeweils bei der Beschreibung der einzelnen Arten angegeben (siehe Porträts von A–Z ab Seite 24).

Die kleinen Karambolapflänzchen sind in den ersten Monaten nach der Aussaat ziemlich empfindlich.

Reinigung der Samen

Vor dem Aussäen werden die Samen vorsichtig den Früchten entnommen, damit man sie nicht beschädigt. Anschließend werden sie gründlich mit lauwarmem Wasser abgewaschen, da eventuell anhaftende Reste von Fruchtfleisch die Keimung behindern können. Sollte sich das Fruchtfleisch schlecht entfernen lassen, kann man die Samen vorsichtig zwischen Küchenkrepp reiben, bis sie sauber sind.

Stratifizieren

Samen von Pflanzen, die in ihrem natürlichen Lebensraum Kälteperioden überstehen müssen, werden auch bei uns erst keimfähig, wenn sie eine längere Kälteruhe gehalten haben. Sie müssen daher stratifiziert, das heißt für vier bis sechs Wochen bei niedrigen Temperaturen gelagert werden. Für diesen Zeitraum kann man sie einfach in Torf eingebettet in einer Plastiktüte in den Kühlschrank legen. Stammen die Samen von Arten, die in der Natur Frost ausgesetzt sind, kann man sie auch vorübergehend in Eiswürfeln einfrieren.

Wasserbeizung

Bei manchen Samen empfiehlt es sich, eine Wasserbeizung durchzuführen. Hierzu legt man die gereinigten Samen für 20 Minuten in 50 °C warmes Wasser. Die Temperatur lässt sich gut mit einem Badethermometer kontrollieren. Durch die Hitze werden schädliche Organismen auf der Samenoberfläche abgetötet, die zu Fäulnis führen könnten.

Substrat und Anzuchtgefäße

Der Granatapfelbaum bringt prächtige Blüten hervor und stellt dabei keine besonderen Ansprüche an das Substrat.

Das richtige Substrat

Das Substrat oder die Pflanzerde verleiht der Pflanze die nötige Standfestigkeit, versorgt sie mit Nährstoffen und hilft bei der Regulierung des Wasserhaushaltes. Zur Anzucht von exotischen Pflanzen sollte man keine normale Gartenerde verwenden, da diese Mikroorganismen und Samen wilder Pflanzen enthält, die den exotischen Samen schädigen oder eine Keimung verhindern könnte. Abhilfe würde hier nur ein 15-minütiges Sterilisieren im Backofen bei 120 °C schaffen. Wer sich aber diese recht geruchsintensive Prozedur ersparen möchte, sollte spezielle Anzuchterde kaufen. Sie hat den Vorteil, dass sie den Bedürfnissen der Sämlinge entspricht und der richtige Nährstoffgehalt, die Wasseraufnahmekapazität und Luftdurchlässigkeit die Keimung unterstützen. Die Anzuchterde wird am besten in die Kammern von speziellen Anzuchtschalen gefüllt. Diese können aus

Die Samen werden meistens in speziellen Anzuchtschalen, die mit nährstoffarmer Anzuchterde gefüllt sind, ausgesät.

Torfquelltöpfchen – einfach und praktisch

Torfquelltöpfchen sind gepresste Torfpellets, die in getrockneter Form in unterschiedlichen Packungsgrößen im Handel sind. Vor der Verwendung werden sie für etwa eine halbe Stunde in lauwarmem Wasser eingeweicht, wodurch sie auf ein sechs- bis siebenfaches ihrer ursprünglichen Größe aufquellen. Das Torfsubstrat wird dabei von einem hauchdünnen Netz zusammengehalten. In diese Töpfchen werden die Samen direkt eingesät. Da die zarten Wurzeln später das dünne Netz durchdringen, können die Jungpflanzen dann mitsamt den Töpfchen äußerst schonend umgetopft werden. Die Torfpellets sind keimfrei und enthalten keine Nährstoffe. Sie sind daher für die Keimung optimal, da die Samen zum Keimen keine Nährstoffe benötigen. Der Sämling zehrt in den ersten Wochen noch von den im Samen enthaltenen Reservestoffen. Wegen ihrer praktischeren Handhabung und ihrer garantierten Keimfreiheit sind diese Torfpellets für die Aussaat von fast allen Samen zu empfehlen.

Kunststoff oder aus Torf gefertigt sein. Später lassen sich dann zum Umtopfen die Pflänzchen mit dem Erdballen besser entnehmen bzw. werden mitsamt dem Torftopf umgesetzt.
Besonders bei Samen, auf die ein hoher Nährstoffgehalt keimhemmend wirken würde, oder für Jungpflanzen, deren Nährstoffbedarf sehr gering ist, empfiehlt sich der Einsatz eines Erde-Sand-Gemisches oder so genannter Torfquelltöpfchen.

Mini-Gewächshäuser & Co.

Die Samen von exotischen Pflanzen benötigen zur Keimung eine konstant hohe Temperatur und hohe Luftfeuchtigkeit. Auch die Bildung von Wurzeln und das Austreiben bei der vegetativen Vermehrung wird durch Wärme und Feuchtigkeit begünstigt. Spezielle Anzuchtbehälter sorgen hier für das richtige Kleinklima. Solche Mini-Treibhäuser werden in den unterschiedlichsten Ausführungen im Handel angeboten. Die Auswahl reicht von einfachen Plastikschalen mit Deckel, in die zehn Torfpellets passen, bis hin zu gläsernen Gewächshäuschen mit integrierter Heizung. Auch ein altes Aquarium mit Abdeckscheibe kann umfunktioniert werden. Bei allen Arten von Behältern ist es jedoch sehr wichtig, dass sie möglichst heiß ausgewaschen werden, damit keine schädlichen Mikroorganismen zu Fäulnis, Schimmel oder Ähnlichem führen können.

Anzuchtbehälter mit Pfiff

Für die ersten Aussaatversuche kann man sich auch mit einfachen Mitteln aus dem Haushalt behelfen. In ein großes Einweckglas werden Steine zur besseren Drainage und darüber eine dicke Schicht feuchte Anzuchterde gefüllt. In die Erde werden die Samen gesetzt. Man verschließt das Gefäß mit einer Plastikfolie, um das feuchte Klima zu erhalten, und stellt es an einen warmen Platz.

Einweckglas als „Mini-Gewächshaus“ und Anzuchtschale mit Sämlingen.

Keimung und Abhärtung

Damit die kleinen Pflänzchen gut gedeihen, müssen Licht, Temperatur und Feuchtigkeit ihren Bedürfnissen entsprechen.

Wie schnell ein Same keimt, hängt von der Pflanzenart und der Temperatur ab und davon, ob der Same von keimhemmenden Substanzen umgeben ist. Die Zeit von Aussaat bis Keimung beträgt zwischen wenigen Tagen und mehreren Monaten, sodass bei einigen Pflanzenarten vom Hobbygärtner ein gehöriges Maß an Geduld gefordert wird.

Die Keimung beginnt damit, dass sich kleine Würzelchen bilden und aus der Samenhülle zwängen. Erst danach erscheint der Trieb mit ein oder zwei Keimblättern (siehe Abb. Seite 13). Sobald sich das winzige Pflänzchen aus der Erde schiebt, benötigt es Licht. Daher wird das Anzuchtgefäß an ein helles Fenster gestellt, sollte aber vor praller Mittagssonne geschützt werden. Um die Sämlinge allmählich etwas abzuhärten, kann man die Abdeckung des Anzuchtgefäßes nun ein Stück öffnen und in den nächsten Tagen den Lüftungsspalt immer weiter vergrößern, bis der Deckel ganz abgenommen werden kann. Die Sämlinge haben in den ersten Wochen einen enorm hohen Lichtbedarf. Besonders wenn im Winter die natürliche Beleuchtung auf der Fensterbank nicht ausreicht, kann man die Pflänzchen zusätzlich mit einer speziellen Pflanzenlampe beleuchten. Anfangs bestrahlt man 16 bis 18 Stunden. Ist die Pflanze schon kräftiger geworden und hat einige Blätter entwickelt, reichen zwölf Stunden aus. Beim künstlichen Beleuchten muss man darauf achten, dass durch die abgegebene Wärme die Pflanzen nicht zu Schaden kommen.

Temperatur

Ausschlaggebend für den Keimerfolg ist u. a. die Bodentemperatur, die normalerweise 2 bis 5 °C tiefer liegt als die Umgebungstemperatur. Sie sollte im Anzuchtbehälter mit einem Thermometer überwacht werden. Die optimale Keimtemperatur liegt meistens im Bereich zwischen 20 und 30 °C. Um die entsprechende Bodentemperatur zu erreichen, stellt man das Anzuchtgefäß in die Nähe einer Heizung oder oberhalb eines Heizkörpers auf, wobei die Temperatur nicht zu stark schwanken darf. Durch Unterlegen von Zeitungspapier lässt sie sich in begrenztem Maße regulieren. Genauer und bequemer erreicht man eine optimale Temperatur durch den Einsatz einer so genannten Flächenheizung, die im Fachhandel erhältlich ist. Es gibt sogar Mini-Treibhäuser mit thermostatgeregelten Bodenheizungen.

Zur Abhärtung der Jungpflanzen wird die Abdeckhaube der Anzuchtschale jeden Tag etwas mehr geöffnet und schließlich ganz abgenommen.

Papayas benötigen nur einige Wochen zur Keimung.

Feuchtigkeit

Samen und Keimlinge müssen immer feucht gehalten werden. Es darf sich aber keine Staunässe bilden, da die zarten Pflänzchen sonst schnell verrotten würden. Zum Gießen nimmt man am besten abgekochtes Leitungswasser oder destilliertes Wasser, um nicht unnötig Keime einzuschleppen. Da sich in abgedeckten Anzuchtbehältern die Feuchtigkeit gut hält, muss nur etwa einmal wöchentlich gewässert werden.

Keimdauer wichtiger Früchte

Frucht	Keimdauer
Avocado	zehn Tage bis sechs Wochen
Cherimoya	zwei bis vier Wochen
Chiku	fünf bis sechs Wochen
Dattel	mehrere Monate
Feige	ein bis vier Wochen
Granatapfel	zwei bis drei Monate
Guave	zwei bis drei Wochen
Kaki	zwei bis vier Wochen
Kaktusfeige	drei bis sechs Wochen
Karambola/ Sternfrucht	drei bis vier Wochen
Kiwi	zwei bis drei Wochen
Litschi/ Rambutan	etwa zwei Wochen
Loquat	ein bis zwei Monate
Mango	mehrere Monate
Melonen	acht bis vierzehn Tage
Olive	einige Wochen
Papaya	zwei bis vier Wochen
Passionsfrucht	zwei bis drei Wochen
Pinie	ein bis zwei Wochen
Tamarillo	wenige Tage
Zitrusfrüchte/ Kumquat	frühestens nach drei Wochen, häufig später

Licht

Die meisten Samen benötigen für die Keimung kein Licht (Dunkelkeimer). Sie müssen daher vollständig mit Erde bedeckt werden, und zwar etwa drei- bis fünfmal so hoch, wie der Same dick ist. Manche Samen, wie zum Beispiel von Kiwis, benötigen zum Keimen Licht und werden daher nur auf der Substratoberfläche gleichmäßig verteilt (Lichtkeimer).

Bei der Keimung erscheinen zunächst die Wurzeln und danach die Keimblätter, die völlig anders als die späteren Laubblätter aussehen.

Granatapfelsamen brauchen einige Monate zum Keimen.

Pflege der Jungpflanzen

Bei sachgerechter Pflege und unter optimalen Wachstumsbedingungen können sich besonders Zitrusbäumchen zu kräftigen Pflanzen entwickeln, die dann mit der Zeit auch prächtige Früchte hervorbringen.

Hat sich der zarte Keimling zu einer kräftigen Jungpflanze mit gesundem Trieb und intensiv gefärbten Blättern entwickelt, ist die kritischste Phase überstanden. Wurden die Pflanzen in Torftöpfchen herangezogen, müssen sie etwa ein bis zwei Monate nach Entwicklung der ersten Laubblätter gedüngt werden. Die Nährstoffreserve in den Samen ist dann aufgebraucht und man muss nun Nährstoffe von außen regelmäßig zuführen. Das erfolgt durch Umtopfen in frische Erde und durch Düngen mit Flüssigdünger. Ist der kleine Torfballen vollständig durchwurzelt, wird die Pflanze mitsamt dem Ballen in einen Topf mit frischer, sauberer, keimfreier Blumenerde gesetzt. Wurden die Pflänzchen in Schalen mit Anzuchterde ausgesät, werden sie vorsichtig mit der umgebenden Erde, um die Wurzeln nicht zu beschädigen, in kleine Töpfe umgesetzt. Wurden die Samen zu dicht gesät, müssen die Keimlinge vorher eventuell pikiert (ausgedünnt) werden, wobei nur die kräftigsten verwendet werden.

Die Töpfe sollten nie zu groß gewählt werden. Lieber topft man einmal mehr um, wenn der Erdballen wieder gut durchwurzelt ist. So wird die Wurzelbildung und dadurch auch das Wachstum der Pflanze angeregt. Damit das Gießwasser besser ablaufen kann, legt man auf den Topfboden ein paar Steine oder eine Tonscherbe, bevor die Erde eingefüllt wird.

Zur Erhöhung der Luftfeuchtigkeit sollten die Pflänzchen regelmäßig mit kalkfreiem Wasser besprüht werden. Beim Gießen ist Staunässe zu vermeiden, da hierdurch die Wurzeln schnell verfaulen. Die normale Zimmertemperatur reicht in der Regel für die Pflanzen aus. Bei Bedarf wirkt hierbei eine Pflanzenlampe unterstützend.

Utensilien für die Aussaat

- Torfpellets oder Anzuchterde
- Anzuchtbehälter, gegebenenfalls mit Flächenheizung
- keimfreies Wasser zum Gießen
- gegebenenfalls eine Pflanzenlampe
- Blumentöpfe
- keimfreie Blumenerde zum Umtopfen
- Steine oder Tonscherbe zur Drainage
- Flüssigdünger
- Bewurzelungshormon (bei vegetativer Vermehrung)

Auch bei vegetativ vermehrten Pflanzen, wie hier bei der Ananas, ist es wichtig, das Substrat immer ausreichend feucht zu halten, damit die Wurzelbildung erfolgen kann.

Ausgetrickst – wundersame Natur

Bei der Anzucht von Pflanzen aus Samen kommt es oft vor, dass die entstandenen Pflanzen leider nicht genau die Eigenschaften wie die Mutterpflanze besitzen. Es kann also sein, dass sie keine oder minderwertige Früchte hervorbringen, auch wenn die Samen aus einer großen, prächtigen Frucht stammten. Der Grund dafür ist, dass das Erbgut beider Elternteile in den Samen neu kombiniert wird und bestimmte Eigenschaften deshalb verloren gehen oder sich verändern können. Daher werden die meisten Obstbäume und -sträucher auch nicht durch Aussaat, sondern vegetativ durch Pfropfung vermehrt. Auch die Vermehrung durch Stecklinge oder Abmoosen ist vegetativ. Somit kann zum Beispiel bei der Ananas oder bei manchen Zitrusfrüchten (siehe auch Seite 24 f., 68 ff.), bei denen die neuen Pflanzen vegetativ entstehen, eher mit einer Ernte gerechnet werden, als bei Pflanzen, die aus Samen gezogen wurden.

Pikieren Schritt für Schritt

Wurden viele kleine Samen in Anzuchtschalen ausgesät, müssen die Jungpflänzchen später meist pikiert, das heißt vereinzelt werden, damit sie genügend Platz und Nährstoffe für das weitere Wachstum haben. Der richtige Zeitpunkt zum Pikieren ist gekommen, wenn sich die Sämlinge mit den Blättern berühren. Am Tag vor dem Pikieren wässert man die Anzuchterde noch einmal gründlich, damit sich die Pflänzchen mit Wasser vollsaugen können und sich besser aus der Erde befreien lassen. Sie werden dann vorsichtig, um möglichst wenig Wurzeln zu beschädigen, aus der Erde gezogen und in Töpfe oder Schalen mit frischer Blumenerde gesetzt.

1. Mithilfe eines Pikierstabes lässt sich das Pflänzchen einsetzen und die Erde vorsichtig andrücken.

2. Mit einer weichen Brause werden die Pflänzchen angegossen, das überschüssige Wasser muss ablaufen können.

3. Die Töpfchen werden in einer Schale an einen hellen, warmen, zugfreien Ort gestellt.

Pflege der Kübelpflanzen

Für viele exotische Pflanzen ist im Sommer ein Standort auf Balkon oder Terrasse, wo sie vor praller Sonne oder Regen geschützt sind, ideal. Hier können wir uns an einer hübschen Passionsblume erfreuen.

Ob die exotischen Pflanzen selber gezogen wurden oder ob man schon größere Kübelpflanzen kauft, sie alle haben bestimmte Ansprüche, die erfüllt werden müssen, damit sie gut gedeihen, uns lange Jahre erhalten bleiben und vielleicht sogar regelmäßig Blüten und Früchte bilden.

Der richtige Standort

Fast alle der hier beschriebenen Pflanzenarten stammen aus den Subtropen und Tropen und benötigen deshalb viel Wärme und Licht. Manche vertragen sogar die pralle Sonne. Im Sommer ist daher für Kübelpflanzen ein heller Standort auf Balkon oder Terrasse oder vor der Hauswand geeignet, der nur zeitweise beschattet ist. Ideal ist es, wenn man bei besonders heißem, sonnigen Wetter die Pflanze vorübergehend beschatten kann, indem man sie zum Beispiel einfach unter eine Überdachung schiebt und sie mit wenigen Handgriffen später wieder in die alte Position bringen kann. Plätze ohne direktes Sonnenlicht sind nicht geeignet. Besonders wichtig ist ein Windschutz. Zugluft oder gar kräftiger Wind wird von den meisten Pflanzen nicht vertragen. Ebenso sollten sie vor Regen geschützt sein, da besonders die Blüten durch den Regen verkleben, braun werden und frühzeitig abfallen können.

Werden Kübelpflanzen das erste Mal oder nach dem Überwintern hinausgestellt, müssen sie zunächst langsam an die veränderten Umweltbedingungen gewöhnt werden. Die ersten Tage oder Wochen sollten sie deshalb nicht der prallen Sonne ausgesetzt sein.

Pflanzgefässe für Exoten

Bei den Pflanzgefäßen steht eine große Auswahl zur Verfügung. Je nach Material und Beschaffenheit haben die unterschiedlichen Gefäße Vor- und Nachteile. Tongefäße, insbesondere aus Terrakotta, sind klassische und äußerst dekorative Pflanzgefäße, die es in einer Vielzahl von Ausführungen, Formen und Preisklassen gibt. Wenn die Kübel bei Frost im Freien bleiben sollen, muss man auf hochwertige Ware achten, die langsam getrocknet wurde, da bei diesem Ton kein Wasser eindringen kann und beim Gefrieren so nicht zum Zerspringen führt. Besteht keine Frostgefahr, sind auch die preiswerteren Ausführungen geeignet. Vorteile von Tongefäßen sind die gute Standfestigkeit und die Luftdurchlässigkeit. Nachteilig ist das Gewicht und die Bruchgefahr beim Transportieren.

Steinzeuggefäße werden vorwiegend glasiert angeboten. Sie sollten keinem Frost ausgesetzt werden. Bei guter Standfestigkeit haben auch sie den Nachteil recht schwer zu sein.

Ebenfalls im Handel erhältlich sind Holzkübel, die durch verzinkte Metallreifen zusammengehalten werden. Da die Bodenplatte nicht direkt dem Untergrund

Ob Terrakotta, Steinzeug oder Kunststoff – im Gartenfachhandel wird eine breite Palette von Pflanzgefäßen angeboten, die für jeden Zweck, für jedes Ambiente und auch für jeden Geldbeutel das passende Modell bieten.

aufliegt, ist für gute Belüftung und ausreichenden Wasserabzug auf der Unterseite gesorgt. Nachteil ist die begrenzte Lebensdauer des Holzes, das am besten mit pflanzenverträglichen Mitteln imprägniert wird oder regelmäßig gestrichen werden muss. Pflanzen mit sehr starkem Pflanzenwuchs zerstören diese Kübel noch schneller.

Kunststoffgefäße sind besonders leicht, was beim regelmäßigen Umräumen der Pflanzen ein klarer Vorteil ist. Außerdem lassen sie sich gut reinigen und sind unverwüstlich. Allerdings muss auf dem Boden des Gefäßes eine zusätzliche Kiesschicht eingefüllt werden, um die Standfestigkeit zu erhöhen.

Substrat für Kübelpflanzen

Für Kübelpflanzen eignet sich am besten so genannte „Einheitserde“. Sie wird mit unterschiedlich hohen Nährstoffanteilen angeboten. Um die Durchlüftung der Erde zu verbessern, empfiehlt sich außerdem die Beimischung von 20 bis 30 % Blähton oder ähnlichem Material. Um ein besseres Abfließen von überschüssigem Wassers zu gewährleisten, sollte man auf den Gefäßboden einige Tonscherben oder Kieselsteine legen. Besonders bei leichten Pflanzgefäßen erhöht dies zusätzlich die Standfestigkeit.

Profi Tipp von mein schöner Garten

Tongefäße sollten vor dem Bepflanzen ein oder zwei Tage gewässert werden. So saugen sie sich mit Wasser voll und entziehen dem Substrat nicht so viel Feuchtigkeit.

Giessen und Düngen

Da einer Kübelpflanze nur eine bestimmte Substratmenge zur Verfügung steht, ist auch der Wasser- und Nährstoffvorrat begrenzt. Deshalb muss man besonders im Sommer darauf achten, dass die Pflanze kontinuierlich mit Wasser und Nährstoffen versorgt ist. An heißen Tagen kann es erforderlich sein, die Kübel morgens und abends zu wässern. Staunässe ist auf alle Fälle zu jeder Jahreszeit zu vermeiden, da die Wurzeln sonst schnell zu faulen beginnen. Je nach Nährstoffbedarf wird in der Vegetationsperiode ein- bis viermal monatlich mit einem Flüssigdünger, der ins Gießwasser gegeben wird, gedüngt. Im Winter, besonders wenn die Pflanzen ihr Laub abwerfen, wird das Gießen auf ein Minimum reduziert und nicht gedüngt.

Die Pflanzen sollten möglichst mit weichem Wasser bzw. Regenwasser gegossen werden, da durch den Kalk Nährstoffe gebunden werden können und so für die Pflanzen nicht verfügbar sind. Besonders bei sonnigem Wetter dürfen die Blätter nicht benetzt werden, um Verbrennungen zu vermeiden. Achten Sie darauf, dass die Erde nie völlig austrocknet. Sobald das Substrat am Gefäßrand zu „schrumpfen" beginnt, ist es höchste Zeit zu wässern.

Profi Tipp von

mein schöner Garten

Beim Umtopfen sollte man zügig arbeiten, damit die Wurzeln nicht austrocknen und die Pflanze dadurch keinen Schaden nimmt.

Pflanzenschutz – vorbeugen und bekämpfen

Auch exotische Pflanzen können von Schädlingen oder Krankheiten befallen werden. Beherzigen wir aber folgende Grundregeln bei der Pflege, ist das die beste Vorbeugung:

- Die Pflege sollte auf die individuellen Bedürfnisse der Pflanzen (Licht-, Wasser- und Nährstoffbedarf) abgestimmt sein.
- Staunässe ist unbedingt zu vermeiden.
- Befallene Pflanzen müssen isoliert werden, da Ansteckung möglich ist.
- Unnötige Verletzungen am Pflanzengewebe, besonders beim Umtopfen, sind zu vermeiden.
- Werkzeuge, die in Kontakt mit Pflanzensaft treten, sind nach Gebrauch gründlich zu reinigen.
- Winterquartiere sollten regelmäßig gelüftet werden.
- Durch regelmäßige Kontrolle kann ein Befall frühzeitig erkannt und bekämpft werden.

Kommt es doch zu Schädlings- oder Krankheitsbefall, muss meistens auf die im Fachhandel angebotenen Mittel zurückgegriffen werden. Ein Befall durch Blattläuse oder Schildläuse lässt sich häufig noch durch mechanisches Entfernen und Abwaschen oder durch Abschneiden der befallenen Triebe bekämpfen. Spinnmilben oder Weiße Fliegen können bei Kulturen unter Glas chemisch oder durch den Einsatz der natürlichen Feinde (Raubmilben gegen Spinnmilben, Schlupfwespen gegen Weiße Fliegen) bekämpft werden. Pilzerkrankungen werden durch zu viel Feuchtigkeit und mangelnden Luftaustausch begünstigt. Eine Behandlung erfolgt mit den entsprechenden *Fungiziden* (chemische Pflanzenschutzmittel gegen Pilze), wobei gleichzeitig die Standortbedingungen verbessert werden müssen. Gegen Bakterien- und Virusinfektionen gibt es allerdings keine „Heilmittel", sodass man nur durch die richtige Pflege und den Kauf einwandfreier Pflanzen vorbeugen kann.

Schädlinge an Exoten erkennen

Schildläuse

Weiße Fliegen

Spinnmilben

Blattläuse

Umtopfen Schritt für Schritt

1. Der Topf wird über Kopf vorsichtig gegen die Hand geschlagen, bis sich der Wurzelballen löst und der Topf nach oben abgehoben werden kann. Das Pflänzchen schaut dabei zwischen den Fingern hindurch.

2. Eventuell auf der Oberfläche wachsende Unkräuter und die oberste, nicht durchwurzelte Erdschicht werden entfernt sowie der Ballen etwas aufgelockert, damit er später gut mit der Erde in Kontakt kommen kann.

3. Der Ballen wird in einen mit etwa 3 cm Erde befüllten Topf gesetzt. Dann ganz mit Erde auffüllen, festdrücken und gut angießen. Der Ballen soll wieder die gleiche Höhe im Topf haben wie vorher.

Umtopfen zum richtigen Zeitpunkt

Bei größeren Kübelpflanzen, die nicht mehr stark wachsen, muss nur nach Bedarf umgetopft werden, wenn der Topf zu klein geworden oder der Ballen völlig durchwurzelt ist. Häufig reicht hier ein Umtopfen alle zwei bis drei Jahre aus, denn viele Pflanzen mögen auch nicht so oft umgesetzt werden und reagieren darauf sogar mit einem Ausbleiben der Blüte. Nur Pflanzen mit einem besonders hohen Nährstoffbedarf sollten jährlich umgetopft werden. Auch wenn Pflanzen sehr stark zurückgeschnitten wurden, empfiehlt sich ein Umsetzen in neue Erde, damit sie möglichst schnell wieder kräftig austreiben.

Löst sich der Wurzelballen nur schwer aus dem Topf, kann man mit einem Messer innen an der Gefäßwand entlangfahren und den Ballen so lösen. Vor dem Wiedereinsetzen sollten die Wurzeln vorsichtig gelockert werden. Alte und abgestorbene Wurzeln werden abgeschnitten, ebenso wie stark verzweigtes Wurzelwerk am Gefäßrand. Bei jungen Pflanzen, die man jährlich umtopft, sollten die Wurzeln allerdings nicht eingekürzt werden.

Für eine gute Durchwurzelung der Erde, ist die Topfgröße stets an die Ballengröße anzupassen.

Exoten fürs Freiland

In milden Klimazonen, wie zum Beispiel in den hiesigen Weinbaugebieten, können sogar bei uns einige exotische Pflanzen im Freiland gedeihen. Dieser Feigenbaum wurde an einer Südwand als Spalier gezogen.

Bei manchen exotischen Pflanzenarten, die Blüten und Früchte hervorbringen, gibt es tatsächlich auch Arten oder Züchtungen, die bei uns ins Freiland gepflanzt werden können.

Attraktive Dreiblättrige Orange

Viele Zitruspflanzen halten geringe Frosttemperaturen aus, aber eine bestimmte Baumart ist sogar bis –25 °C winterhart und kann somit in einheimische Gärten gepflanzt werden. Hierbei handelt es sich um die Dreiblättrige Orange (*Citrus trifoliata* syn. *Poncirus trifoliata*). Dieser 3 bis 4 m hoch werdende Baum ist reich verzweigt und dornig, wächst langsam und hat eine buschige Wuchsform. Im Winter wirft er sein Laub ab. Die großen, weißen, einzeln stehenden Blüten erscheinen in großer Zahl im Frühjahr, noch bevor die Blätter sich gebildet haben. Aus ihnen entwickeln sich stark duftende, rundliche, kleine Früchte, die bei Vollreife gelborange gefärbt sind. Sie sind zwar ziemlich sauer und bitter, also nicht essbar, enthalten aber 20 bis 25 Samen pro Frucht, die man auch für eine Anzucht verwenden kann. In der Reifezeit von Oktober bis November fallen die Früchte vom Baum ab.

Die zu den Zitrusgewächsen zählende Dreiblättrige Orange ist bis –25 °C frostfest und kann ins Freiland gepflanzt werden.

Schmackhafte Kiwis

Seit einigen Jahren gibt es bei uns auch speziell gezüchtete Kiwisorten der Art *Actinidia deliciosa,* die auf sonnigen und relativ geschützten Lagen gepflanzt, ausreichend winterhart sind. Ein Beispiel dafür ist die Sorte 'Hayward', die eine Höhe von 8 m erreichen kann. Um auch Früchte zu erhalten, muss man eine männliche Befruchtersorte dazupflanzen.

In gut sortierten Gärtnereien werden weitere Arten der Gattung *Actinidia*, die auch als so genannte sommergrüne Schlingpflanzen geführt werden, angeboten und können bei uns angepflanzt werden. Hierzu zählt zum Beispiel *A. kolomikta*. *A. arguta,* die Mini-Kiwi, bringt kleine, glattschalige und essbare Früchte ab Oktober hervor.

Spezielle Züchtungen der Kiwi, wie hier die Sorte 'Hayward', sind winterhart und werden bei uns im Freiland angebaut.

Feigenbäume – auch für Minusgrade

Feigenbäume, von denen es insgesamt wohl über tausend Arten gibt, sind in vielen warmen Gegenden der Welt verbreitet. Der echte Feigenbaum *Ficus carica* ist im Mittelmeerraum sehr häufig anzutreffen. Bei uns wird er aber in der Regel nur als Kübelpflanze kultiviert. Nur in ganz milden Gegenden, wie zum Beispiel guten Weinbaugebieten, lässt sich ein Feigenbaum auch draußen anpflanzen. Allerdings scheint es auch schon hier Züchtungen zu geben, die eine gewisse Frosthärte aufweisen, wie zum Beispiel die Bayernfeige.

Vor einer sonnenbeschienen Hauswand entwickelt die Passionsblume ihre prächtigen Blüten. Allerdings sind die Pflanzen nicht frostfest.

Passionsblumen, die Kälte vertragen

Bei den Passionsblumen gibt es etwa 400 Arten, die alle diese typisch geformten, dekorativen Blüten hervorbringen. Die meisten Arten brauchen das ganze Jahr über viel Wärme, aber einige können den Winter auch bei 5 bis 10 °C verbringen und die frostfreie Zeit bei uns im Freien überstehen. Am besten stellt man Passionsblumen in einem großen Topf, damit man sie bei Kälte sofort in einen frostfreien Raum bringen kann, an einen sonnigen und geschützten Standort vor einer Hauswand oder Mauer. An einem guten Standort können die mehrjährigen Kletterpflanzen ein kräftiges Wachstum aufweisen. Wer möchte, kann sie im Frühjahr stark zurückschneiden. Übrigens besitzen Passionsblumen so große Blüten, dass sie in ihrer Heimat von großen Insekten bestäubt werden.

Überwinterung

Wie eine Kübelpflanze am besten überwintert wird, hängt in erster Linie davon ab, ob sie im Winter das Laub abwirft oder nicht. Laub abwerfende Pflanzen können dunkel und kühl unter 10 °C, aber frostfrei überwintert werden. Pflanzen mit Laub sind hell zu überwintern. Reine Tropenarten sollten im Winter warm (15 bis 20 °C) stehen und werden mäßig gegossen. Die meisten Arten vertragen aber auch eine Absenkung der Temperatur auf 10 bis 15 °C in einem hellen Raum. Je kühler die Pflanze steht, desto stärker ist das Gießen einzuschränken. Gedüngt wird in der Regel nicht oder nur sehr wenig.

Ein Wintergarten ist der ideale Überwinterungsplatz für viele unserer Exoten.

Exoten erfolgreich überwintern

Name	Temperatur	Licht	Besonderes
Ananas	16 bis 20 °C	hell	nicht frostfest
Avocado	10 bis 15 °C	hell	verträgt je nach Sorte leichten Frost
Cherimoya	15 bis 20 °C	hell	nicht frostfest
Dattel	15 bis 20 °C	hell	nicht frostfest
Feige	10 bis 15 °C	mit Laub hell, sonst dunkel	ältere Pflanzen bis –10 °C frostfest
Granatapfel	5 bis 10 °C	dunkel	ältere Pflanzen bis –9 °C frostfest
Guave	10 bis 15 °C	hell	ältere Pflanzen bis –3 °C frostfest
Ingwer	10 bis 15 °C	dunkel	ab Februar warm und hell stellen und gießen
Kaki	über 0 °C	dunkel	ältere Pflanzen frostfest
Kaktusfeige	6 bis 8 °C	hell	kalte Überwinterung fördert Blütenbildung
Karambola	15 bis 20 °C	hell	ältere Pflanzen bis –2 °C frostfest
Kiwi	über 0 °C	hell oder dunkel	ältere Pflanzen je nach Sorte bis –10 oder –20 °C frostfest
Litschi	15 bis 20 °C	hell	nicht frostfest
Loquat	5 bis 10 °C	hell	nicht frostfest
Mango	15 bis 20 °C	hell	Jungpflanzen und Blüten sterben unter 4 °C ab
Olive	um 10 °C	hell	ältere Bäume bis –10 °C frostfest
Papaya	13 bis 18 °C	hell	ideal für geheizten Wintergarten
Passionsfrucht	15 bis 20 °C	hell	nicht frostfest
Pinie	10 bis 15 °C	hell	ideal für Wintergärten
Tamarillo	10 bis 15 °C	hell	verträgt leichten Frost, dann Laub abwerfend
Zitrusfrüchte	zw. 5 und 10 °C	hell	manche Arten frostfest
Zuckerrohr	20 bis 25 °C	hell	am besten immer gleich bleibend warm

Porträts von A–Z

Ananas

Die anspruchslosen Ananaspflanzen sind unempfindlich gegen Hitze und Trockenheit. Sie werden in riesigen Plantagen in den Tropen angebaut.

Allgemeines: Die Ananas (*Ananas comosus*) zählt zur Familie der *Bromeliaceae* (Ananasgewächse), unter denen es viele Vertreter gibt, die als Schmarotzer auf anderen Pflanzen leben. Die Ananas ist jedoch eine mehrjährige Pflanze, die im Boden wurzelt und unempfindlich gegen Hitze und Trockenheit ist.

Herkunft: Die Ananas stammt ursprünglich aus den Tropengebieten Brasiliens. Sie wurde dort schon lange vor Entdeckung der Neuen Welt kultiviert. Im Jahre 1493 entdeckte Kolumbus diese Frucht auf der Insel Guadeloupe. 1599 führten die Portugiesen dann Ananaspflanzen im Südpazifik ein. Zu Beginn des 19. Jahrhunderts gelangte die Ananas schließlich nach Hawaii, wo sie heute noch in riesigen Mengen – wie auch in einigen anderen tropischen Ländern – angebaut wird. Die Früchte reifen das ganze Jahr über und sind daher bei uns immer erhältlich.

Blätter: Die länglich schmalen, dickfleischigen Blätter dieser einkeimblättrigen Pflanze sind am Rand stachelartig gezähnt und bilden eine Rosette.

Blüten: Im Alter von 10 bis 20 Monaten schiebt sich aus der Rosettenmitte ein fleischiger Blütenstiel, an dessen Spitze sich ein Blütenstand mit zahlreichen violetten Blüten bildet.

Früchte: Die Frucht entsteht aus meist über hundert kleinen, weißlich violetten Blüten, die sich in dem Blütenstand nacheinander von oben nach unten öffnen und nur von winzigen Insekten befruchtet werden. Bei der für den Verzehr produzierten Ananas erfolgt die Fruchtbildung allerdings ohne vorherige Befruchtung, da die 2000 bis 3000 sich sonst bildenden harten Samen den Genuss verleiten würden.

Besonderheiten: Da die Früchte unreif geerntet werden und einen langen Transport hinter sich haben, sind sie nicht immer von optimaler Qualität. Die so genannten Flugananas sind zwar teurer, gelangen aber schneller bei uns auf den Markt und sind in der Regel von besserer Qualität.

Pflege: Ananaspflanzen sind recht genügsam. Nur im Sommer werden sie alle 14 Tage mit Flüssigdünger ver-

Aus der Mitte der Blattrosette schiebt sich ein Blütenstiel, an dessen Ende sich der Blütenstand mit zahlreichen kleinen Einzelblüten bildet.

sorgt, wobei man die Nährlösung direkt in die Rosettenmitte gießt, da die Pflanze Nährstoffe auch durch die Blätter aufnimmt. Auf keinen Fall darf zu viel gedüngt werden. Die Temperatur sollte im Sommer 20 bis 30 °C betragen. Unterhalb von 20 °C wird das Wachstum verlangsamt. Im Winter darf die Temperatur auf keinen Fall unter 15 °C fallen. Bei Frost sterben die Pflanzen ab.
Im zweiten Jahr fangen die Pflanzen normalerweise an zu blühen. Sollte im dritten Jahr noch keine Blüte erscheinen, kann man etwas nachhelfen. Man halbiert einen reifen Apfel und legt eine Hälfte mit der Schnittkante nach oben auf die Erde und die andere Hälfte in die Rosettenmitte. Dann stülpt man eine Plastiktüte über die Pflanze. Das von den Äpfel verströmte Ethylen stimuliert die Blütenbildung. Nach zwei bis vier Wochen sollte sich eine Blüte bilden. Sobald man den Ansatz erkennt, werden die Tüte und die Apfelstücke entfernt. Die Blüte benötigt vier bis sechs Monate zum Aufblühen. An einem sehr sonnigen Standort kann sich sogar daraus eine Frucht entwickeln.

Ananas vegetativ vermehren

Wegen ihrer Samenlosigkeit lassen sich Ananas nur vegetativ vermehren. Hierzu schneidet man die Blattrosette am oberen Ende der Frucht zusammen mit einer 2 cm dicken Scheibe Fruchtfleisch ab (1). Dann entfernt man gründlich das Fruchtfleisch und die unteren Blätter der Krone, bis ein etwa 2 bis 3 cm langes Stück Stamm frei liegt, an dem oft schon kleine Würzelchen zu erkennen sind (2).
Dieses freie Ende wird nun in ein Bewurzelungshormon getaucht und in ein leicht feuchtes Erde-Sand-Gemisch im Verhältnis 1:1 gepflanzt (3). Der Topf sollte so groß gewählt werden, dass rundherum etwa 2 cm Platz bis zum Rand sind. Der eingepflanzte Blattschopf wird nun warm (21 bis 27 °C) gestellt. Die Erde muss immer leicht feucht sein. Ein regelmäßiges Besprühen der Blätter mit kalkfreiem Wasser ist von Vorteil. Sobald sich in der Rosettenmitte neue Blätter bilden, ist die Pflanze gut angewurzelt und beginnt zu wachsen.
Die kleine Ananaspflanze wird an einen möglichst sonnigen Platz gestellt. Das Substrat darf zwischendurch ruhig einmal austrocknen. Ein Umtopfen einmal im Frühsommer reicht aus.

Avocado

Obwohl Avocadobäume in der Regel üppig blühen, gehen nur aus wenigen Blüten Früchte hervor, die zur Reife gelangen. Die Schale der Früchte kann glatt und dünn oder wie hier dick und narbig sein.

Allgemeines: Die Avocado (*Persea americana*) zählt zur Familie der Lorbeergewächse (*Lauraceae*). Die auch als Aguacatebaum bezeichnete Pflanze hat einen aufrechten Wuchs mit einer kugeligen Krone und wird 8 bis 10 m hoch. In der Regel sind die Bäume immergrün, können aber nach einer kräftigen Blüte einen großen Teil der Blätter abwerfen.

Herkunft: Die Avocado stammt aus den Bergwäldern Mittelamerikas, wo sie schon vor über 8000 Jahren angebaut wurde. Ihr Name stammt von dem Aztekenwort „ahuacatl" ab. Azteken und Inkas verwendeten sie als Aphrodisiakum. 1653 gelangte die Avocado mit spanischen Seefahrern dann nach Europa. Heute sind sie bei uns das ganze Jahr über im Handel erhältlich.

Blätter: Die Blätter haben eine elliptische Form und werden 15 bis 18 cm lang. Auf der Oberseite sind sie glänzend grün gefärbt, unterseits blassgrün.

Blüten: Die Blüten werden etwas mehr als 1 cm groß im Durchmesser und sind unscheinbar grünlich gefärbt. Sie sind zwittrig, besitzen also sowohl Staubgefäße als auch einen Griffel mit Narbe, die Organe sind aber nicht gleichzeitig befruchtungsfähig. Jede Blüte, die sich öffnet, ist zunächst weiblich, das heißt, die Narbe ist bereit, Pollen von anderen Blüten aufzunehmen. Dieses Stadium hält nur zwei bis drei Stunden an, dann schließt sich die Blüte. Am nächsten Tag öffnet sie sich und die Staubgefäße erzeugen befruchtungsfähige Pollen. Die Befruchtung erfolgt durch Insekten.

Früchte: Die birnenförmigen Beerenfrüchte werden bis zu 25 cm lang und bis zu 1 kg schwer. Die bei uns erhältlichen Früchte sind allerdings wesentlich kleiner. Je nach Sorte haben sie eine glatte, raue oder warzige Schale, die grün, tief purpurfarbig oder sogar schwarz gefärbt sein kann. In das cremige, weißliche Fruchtfleisch ist ein großer Same eingebettet.

Besonderheiten: Wegen ihres hohen Eiweiß- und Fettgehaltes wurde die Avocado auch „Butterfrucht" genannt und auf langen Seereisen als Fleischersatz geschätzt.

Bei solch einem reichen Fruchtansatz neigen sich die Äste des Avocadobaumes unter der Last bis auf den Boden.

Es gibt etwa 400 verschiedene Avocadosorten, die in drei Kategorien eingeteilt werden: den mexikanischen Hochland-Typ mit kleinen bis mittelgroßen, dünnschaligen Früchten, den Guatemala-Typ mit mittelgroßen Früchten mit dicker, narbiger Schale und den Antillen-Typ mit großen Früchten mit einer glatten, dünnen Schale.

Pflege: Größere Pflanzen werden jedes Frühjahr einmal umgetopft. Dann stellt man sie erst für einige Wochen kühl und schattig und gießt immer reichlich. Im Sommer wird alle zwei Wochen gedüngt. Ältere Pflanzen können im Sommer nach draußen gestellt werden. Am besten gedeihen sie aber bei gleichmäßig warmen Bedingungen im Haus oder im Wintergarten. Im Winter darf die Temperatur nicht unter 10 bis 15 °C fallen. Bei Pflanzen, die aus Samen gezogen wurden, ist nicht mit einem Fruchtansatz zu rechnen. Zu hohe oder zu spärlich beblätterte Pflanzen können radikal zurückgeschnitten werden. Sie treiben immer wieder neu aus.

Avocados gekonnt vermehren

Der Samen wird aus dem Fruchtfleisch herausgelöst und abgerieben (1). Dann legt man ihn für 48 Stunden in warmes Wasser und stellt das Gefäß am besten auf eine Heizung (2). Anschließend zieht man vorsichtig die dünne, braune Schale ab. Oft weist der Samen dann schon eine Spalte auf – ein untrügliches Zeichen dafür, dass er bald zu keimen beginnt.

Nun sticht man vorsichtig drei Zahnstocher etwas oberhalb der Mitte (das spitzere Ende ist oben) von drei Seiten in den Samen gerade so weit ein, dass sie halten. Dann legt man den Samen mit diesen Stützen auf den Rand eines passenden Glases und füllt es randvoll mit Wasser (3). Nun stellt man das Gefäß dunkel und warm bei mindestens 21 °C. Das untere Ende des Samens muss immer im Wasser stehen. Es dauert zwischen zehn Tagen und etwa sechs Wochen, bis die ersten Wurzeln erscheinen. Sobald auch der Spross erscheint, wird das Gefäß auf die Fensterbank, aber nicht in die pralle Sonne, gestellt. Durch Umwickeln mit Folie wird das Gefäß rund um die Wurzeln abgedunkelt. Erst wenn die Wurzeln das ganze Glas ausfüllen, muss in Blumenerde umgesetzt werden (4). Die Pflanzen wachsen recht schnell, wobei häufig ein sehr langer Mitteltrieb gebildet wird.

Cherimoya und Chiku

In das rahmige Fruchtfleisch der Cherimoya sind zahlreiche große, schwarze Samen eingebettet, die vor dem Verzehr entfernt werden müssen.

Cherimoya (*Annona cherimola*)

Allgemeines: Die Cherimoya gehört zur Familie der Annonengewächse (*Annonaceae*) und ist ein 10 m hoher, immergrüner Baum. Andere Arten der Gattung, deren Früchte der Cherimoya sehr ähnlich sehen, sind der Sauersack (*A. muricata*), die Netz-Annone (*A. reticulata*) und die Schuppen-Annone (*A. squamosa*).

Herkunft: Die Heimat der Cherimoya sind die Andengebiete Perus und Ecuadors. Die Bäume gedeihen am besten in Lagen über 800 m Höhe. Heute werden diese Früchte auch in Asien, Afrika und Südeuropa angebaut.

Blätter: Die elliptischen oder eiförmigen Blätter werden 7 bis 15 cm lang und bis zu 9 cm breit. Sie sind auf der Oberseite stumpf, auf der Unterseite samtig behaart.

Blüten: Kurz bevor die Blüten im Frühjahr erscheinen, fallen die Blätter ab. Die unscheinbaren Blüten stehen einzeln oder in kleinen Büscheln und duften aromatisch.

Früchte: Cherimoyas können bis zu 20 cm groß werden, bleiben aber meist kleiner. Die Schein- oder Sammelfrüchte haben die Form einer Erdbeere und besitzen eine schuppige, ledrige Schale, die zunächst grün ist und sich dann allmählich braun verfärbt. Das weiche, cremefarbene Fruchtfleisch hat eine ähnliche Konsistenz wie das einer weichen Birne. Wegen des zarten, cremigen Aromas wird die Cherimoya auch Rahmapfel oder Cremefrucht genannt. In das Fruchtfleisch sind 30 bis 40 der 10 bis 15 mm großen, schwarzen, glänzenden Samen eingebettet. Der Name Cherimoya bedeutet „kalter Samen".

Besonderheiten: Die Früchte mit dem eigentümlichen Aussehen kommen bei uns zwar regelmäßig, aber nicht das ganze Jahr über auf den Markt.

Pflege: Im Sommer sind Temperaturen zwischen 21 und 29 °C ideal. Überwintert werden sollte bei 15 bis 20 °C, auf keinen Fall unter 10 °C. Ältere Pflanzen halten kurzfristig leichten Frost aus.

Im Stamm des Chikubaumes befindet sich latexhaltiger Milchsaft, der durch Kochen eingedickt, die Ausgangssubstanz für Kaugummi liefert.

Chiku (*Manilkara zapota*)

Allgemeines: Die Chiku ist die Frucht des Sapotebaumes, der zur Familie der Breiapfelgewächse (*Sapotaceae*) gehört. Der Sapotebaum ist ein immergrüner Baum, der 10 bis 15 m hoch werden kann. In den Blattachseln entwickeln sich die kleinen, grünbraunen Blüten, die nachts angenehm duften. Als Tropenpflanze ist der Baum nur frostresistent bis –2 °C.

Herkunft: Die Chiku stammt ursprünglich aus den Tropen Amerikas. Als wichtige Nutzpflanze wird sie heute aber in allen Tropengebieten der Erde angebaut.

Blätter: Die glänzenden Blätter sind länglich elliptisch und am Rand leicht gezähnt.

Blüten: Die kleinen cremeweißen Blüten erscheinen einzeln in den Blattachseln.

Früchte: Die eiförmigen, 5 bis 10 cm großen Beerenfrüchte besitzen eine kartoffelbraune, raue, aber weiche Schale, die nicht mitgegessen wird. Das Fruchtfleisch ist gelblich bis hellbraun, sehr weich und saftig und erinnert etwas an das der Cherimoya.

Cherimoya und Chiku richtig vermehren

In das weiche Fruchtfleisch der Cherimoya sind schwarze Samen eingebettet, die sich für eine Aussaat eignen.

Die Samen werden vom Fruchtfleisch befreit, abgewaschen und einer Wasserbeizung (20 Minuten bei 50 °C) unterzogen. Dann setzt man von der Cherimoya je zwei bis drei Stück in ein Torftöpfchen, bei der Chiku sind es ein bis zwei Samen. Die Töpfchen werden möglichst warm (22 bis 25 °C) gestellt. Nach zwei bis vier Wochen erscheinen die Keimlinge der Cherimoya. Die der Chiku benötigen etwa fünf bis sechs Wochen. Die kleinen Pflänzchen haben manchmal Probleme, sich von der Samenschale zu befreien, sodass man eventuell „Geburtshilfe“ leisten muss, indem man sehr vorsichtig die Samenschale von den Keimblättchen abzieht.

Die Sämlinge werden bei Zimmertemperatur hell gestellt, aber nicht sonnig. Die Pflänzchen der Cherimoya brauchen viel Feuchtigkeit und sollten regelmäßig mit temperiertem Wasser besprüht werden. Ein- bis zweimal im Monat wird gedüngt. Chikus wachsen sehr langsam. Erst wenn der Torfballen gut durchwurzelt ist, verpflanzt man in einen nicht zu großen Topf mit normaler Blumenerde.

Dattel

Aus den in Rispen angeordneten Blüten der Dattelpalme, die in den Blattachseln entstehen, bilden sich die Früchte, unter deren Last sich die Fruchtstände nach unten neigen.

Allgemeines: Die Dattelpalme (*Phoenix dactylifera*) ist wie alle Palmen (Familie *Arecaceae*) eine einkeimblättrige Pflanze. In ihrem natürlichen Verbreitungsgebiet kann sie 20 bis 30 m hoch werden. Bei uns wird sie häufig auch als große Kübelpflanze angeboten.

Herkunft: Die Dattelpalme ist eine typische Pflanze der Randtropen. Sie wurde schon vor mindestens 5000 Jahren in Persien angebaut. Sie ist eine der ältesten Kulturpflanzen der Erde. Ihre Heimat wird in Nordafrika oder Vorderasien vermutet. Da die Pflanze aber schon so lange kultiviert wird, lässt sich der tatsächliche Ursprung nicht mehr feststellen. In den Heimatländern stellte sie für die Bevölkerung ein wichtiges Grundnahrungsmittel dar.

Blätter: Am oberen Stammende befindet sich eine Wedelkrone aus 30 bis 40 gefiederten Blättern, die bis zu 4 m lang werden können. Regelmäßig sterben die unteren Blätter ab, wobei die gleiche Anzahl jeweils neu gebildet wird.

Blüten: Die weißlichen Blüten der zweihäusigen Bäume erscheinen in Rispen unterhalb der großen Blattwedel. Dort wo Datteln angebaut werden, hängt man zur Befruchtung männliche Blütenrispen in die weiblichen Bäume. Ein Blütenstand kann aus bis zu 10 000 Einzelblüten bestehen.

Früchte: Aus den weiblichen Blüten entwickeln sich bis zu 5 cm lange Beerenfrüchte mit brauner, glatter, essbarer Schale. Das helle, feste Fruchtfleisch hat einen Zuckergehalt von 60 bis 70 %. Dort wo es den längs gefurchten Samen umgibt, hat es häufig einen silbrig schillernden Glanz.

Schon früher wurden die Datteln bei uns hauptsächlich in getrockneter Form angeboten. Heute bekommt man sie aber auch häufig frisch. Die Früchte hängen dann oft noch an den Stielen, denn sie reifen in großen, rispenförmigen Fruchtständen. Zur Aussaat sind nur Samen von frischen Datteln geeignet. Bei Samen aus getrockneten Früchten ist die Wahrscheinlichkeit, dass sie keimen, noch viel geringer.

In den Erzeugerländern ist die Dattelpalme eine häufige Kulturpflanze. Die Früchte stellen ein wichtiges Grundnahrungsmittel dar.

Besonderheiten: Durch das Abfallen der unteren Blattwedel bleiben am Stamm Narben zurück, die für das charakteristische Aussehen der Palmstämme verantwortlich sind.

Pflege: Zugluft wird von Dattelpalmen überhaupt nicht vertragen. Im Sommer wird mäßig gegossen, der Ballen sollte immer leicht feucht sein. Größere Pflanzen werden während der Vegetationszeit alle zwei bis vier Wochen gedüngt. Im Winter und bei Temperaturen unter 16 °C gießt man nur sehr wenig. Einmal jährlich sollte man umtopfen. Die Dattelpalme kann im Sommer auch nach draußen in die volle Sonne gestellt werden. Im Gegensatz zu den meisten anderen Pflanzen macht ihr trockene Luft nichts aus, im Gegenteil, sie kommt ihr sogar zugute.

Am besten gedeiht die Dattelpalme an heißen Standorten mit einer Durchschnittstemperatur von 30 °C. Die Dattelpalme wächst in der Natur nur an Standorten, wo sie mit ihren Wurzeln das Grundwasser erreichen kann.

Datteln mit Geschick vermehren

Frische Datteln sind prall und glänzend und werden meistens noch mitsamt den Fruchtstielen angeboten.

Die Samen werden aus den Früchten gelöst, mit warmem Wasser gründlich gereinigt und anschließend 48 Stunden gewässert, wobei das Gefäß am besten auf eine Heizung gestellt wird. Anschließend legt man die Samen, in feuchtem Torf oder feuchter Watte, in eine Plastiktüte und bewahrt diese verschlossen an einem sehr warmen Platz (25 bis 30 °C) auf. Die hohe Temperatur verkürzt die sehr lange Keimdauer der Samen. Das Substrat darf nicht austrocknen. Es kann mehrere Monate dauern, bis eine Keimung erfolgt. Sind an den Samen kleine Wurzeln zu erkennen, setzt man sie in Töpfe mit Blumenerde und bedeckt sie 2 bis 3 cm dick mit Substrat. Die Töpfe müssen recht hoch sein, da die Keimwurzel den Samen nach unten zieht, was die Pflanze in ihrer natürlichen Umgebung vor Hitze schützt. Nun kann es noch einmal Wochen dauern, bis schließlich der Spross erscheint. Ist es so weit, stellt man den Topf an einen warmen, hellen Platz und hält die Erde immer gut feucht. Dattelpalmen wachsen sehr langsam. Wichtig ist ein warmer, heller Standort.

Erdnuss

An den auffälligen Blüten ist deutlich zu erkennen, dass die Erdnuss zur Familie der Schmetterlingsblütler gehört.

Allgemeines: Die Erdnuss (*Arachis hypogaea*) ist eine einjährige Pflanze, die zur Familie der Schmetterlingsblütler (*Fabaceae*) gehört, also mit unserer Erbse nahe verwandt ist. Die krautige Pflanze hat einen kriechenden Wuchs und kann bis zu 50 cm hoch werden. *A. hypogaea* gilt heute als keine Wildart mehr, sondern verdankt den Indianern in Südamerika, dass sie eine uralte Kulturpflanze geworden ist.

Herkunft: Die trockenheitsliebende Erdnuss stammt ursprünglich aus Südamerika, wo sie schon vor über 2000 Jahren kultiviert wurde. Mit Sklavenhändlern gelangte sie nach Afrika und von da nach Ostasien. Hauptanbauländer sind die USA, Afrika, Indien und China. Der größte Teil der geernteten Früchte wird in den Erzeugerländern verzehrt. Nicht nur die Erdnüsse, sondern auch andere Pflanzenteile werden genutzt. Der Pressrückstand von der Ölgewinnung ist eiweißreich und wird als Viehfutter verwendet. Die Schalen dienen als Raufutter, als Brennmaterial oder als Düngemittel.

Blätter: Die Blätter sind wechselständig angeordnet und setzen sich aus zwei Paaren von gegenständigen, ovalen Fiederblättchen zusammen, wie sie für Schmetterlingsblütler typisch sind. Nachts ziehen sich die Blättchen zusammen.

Blüten: Die Blüten sind etwa 1,5 cm lang und leuchtend goldgelb gefärbt. Sie sind kurz gestielt und erscheinen meistens einzeln in den Blattachseln. Sie öffnen sich nur für wenige Stunden.

Früchte: Nach der Befruchtung entwickelt sich ein bis zu 15 cm langer Fruchtstiel, der sich zum Boden absenkt und den Fruchtknoten 4 bis 8 cm tief in die Erde drückt. Nur wenn der Fruchtknoten in die Erde eindringen kann, entwickelt sich die Erdnuss, die daher auch ihren Namen erhalten hat. Die Frucht ist eine nussartige Hülse mit einer brüchigen, netzartigen, gelbbraunen Wand, in der sich normalerweise zwei hellbraune, etwa 1 cm lange Samen befinden. Sie sind von einer hauchdünnen, dunkelbraunen Haut, der Samenschale, überzogen. Die Samen sind zweige-

Erdnusspflanzen brauchen Platz. Sie bilden lange Pfahlwurzeln und benötigen daher tiefgründiges und lockeres Substrat.

teilt. Die beiden Hälften haben die Form einer Kaffeebohne. An einem Ende des Samens kann man schon den kleinen Pflanzenembryo erkennen, aus dem sich der Keimling entwickelt.

Besonderheiten: Obwohl die Erdnuss eng mit Erbse und Bohne verwandt ist, unterscheidet sie sich von ihnen dadurch, dass ihre Hülse geschlossen bleibt. Deshalb wird sie im landläufigen Sinne eher zu den Nüssen gezählt, obwohl es sich botanisch gesehen um eine Hülsenfrucht handelt.

Der überwiegende Teil der weltweiten Produktion von Erdnüssen dient der Gewinnung von Erdnussöl und der Herstellung von Margarine oder wird zu Erdnussbutter verarbeitet.

Pflege: Da die Pflanzen Pfahlwurzeln bilden und sich die Früchte im Boden entwickeln, sollte das Substrat stets locker und tiefgründig sein. Die Pflanzgefäße müssen tief und groß genug gewählt werden, damit sowohl die Wurzeln als auch später die Früchte genügend Platz in der Erde finden.

Erdnüsse erfolgreich vermehren

Zur Anzucht der Erdnuss sind nur unbehandelte Samen geeignet. Nach der Befruchtung schiebt sich der Fruchtknoten in die Erde und bildet die Früchte.

Zum Aussäen eignen sich nur die Samen von unbehandelten Früchten. Hierzu öffnet man vorsichtig die brüchige Schale und nimmt die Samen so heraus, dass sie nicht auseinander fallen. Dann pflanzt man sie einzeln in Torftöpfchen oder zu mehreren nicht zu dicht in eine Schale mit Anzuchterde und bedeckt sie 2 bis 3 cm dick mit Substrat. Zum Keimen sollten sie bei einer Temperatur von mindestens 21 °C gut feucht gehalten werden. Die nach zwei bis drei Wochen erscheinenden Sämlinge stellt man nun sonnig und warm. Die jungen Pflanzen müssen zunächst reichlich gegossen, aber nicht gedüngt werden. Später darf die Erde zwischendurch auch mal austrocknen. Die optimale Temperatur liegt bei 25 bis 28 °C. Sollten die Pflanzen in einer Schale zu dicht stehen, müssen sie ausgedünnt werden. Pflänzchen in Torftöpfchen werden in breitere Töpfe oder Schalen umgetopft. Mit etwas Glück kann man etwa sechs Monate nach der Aussaat seine eigenen Erdnüsse ernten. Da die Pflanze einjährig ist, stirbt sie ab, nachdem sie Früchte gebildet hat.

Feige

Feigen sind Scheinfrüchte. Sie verfärben sich mit zunehmender Reife von grün nach violett und haben meistens eine leicht bereifte Schale.

Allgemeines: Die Feige (*Ficus carica*) zählt zur Familie der Maulbeergewächse (*Moraceae*). Der 3 bis 9 m hoch werdende sommergrüne Baum zeichnet sich durch dicke, knorrige Äste aus.

Herkunft: Die ursprüngliche Heimat der Feige ist Vorderasien. Schon vor etwa 5000 Jahren wurde sie kultiviert. Etwa 700 vor Christus gelangte sie nach Griechenland. Später brachten phönizische Seefahrer die Feige nach Italien. Erst im 16. Jahrhundert führten spanische Seefahrer die Pflanze in Amerika ein. Heute wird sie in fast allen subtropischen Ländern der Erde angebaut, wobei sie besonders gut im Mittelmeerraum gedeiht. Bei uns können Feigenbäume nur in sehr milden Regionen im Freiland überdauern und werden üblicherweise als Kübelpflanzen angeboten und im Haus überwintert.

Blätter: Die Blätter haben die typische „Feigenblattform“ und sind handförmig gelappt.

Blüten: Die winzigen Blüten der Feige befinden sich in einem urnenförmigen, am Ende mit einer kleinen Öffnung versehenen Blütenstand, aus dem sich später die birnen- oder kugelförmige Feige entwickelt.

Früchte: Die Pflanze bringt auf ganz besondere Art ihre Früchte hervor. Es gibt weibliche Kulturfeigen und männliche Wildfeigen. Da die Öffnung der weiblichen Blütenstände so klein ist, können sie nicht von Bienen bestäubt werden. Eine Gallwespenart hat sich darauf spezialisiert, ihre Eier in männlichen Feigenblüten abzulegen. Die ausschlüpfenden Wespen werden dann mit Pollen beladen. Auf der Suche nach neuen Eiablageplätzen gelangen sie auch in weibliche Blüten und bestäuben sie auf diese Weise. Aus den befruchteten Blüten entstehen dann winzige Nüsschen, die man im Innern der Feige findet. Daher sind Feigen Scheinfrüchte. Sie werden bis zu 8 cm lang. Die Früchte sind zunächst grün und verfärben sich bei Reife gelb, rosa oder violett. Die Schale ist meistens bereift und kann unterschiedlich dick sein. Feigenbäume können zweimal im Jahr Früchte hervorbringen, im Spätfrühling und im Sommer.

Im Innern der Blütenstände befinden sich die winzigen Blüten. Nach erfolgter Befruchtung entwickeln sich süße, birnenförmige Früchte.

Besonderheiten: Mittlerweile gibt es im Handel als Kübelpflanzen angebotene Sorten, die ohne Bestäubung Früchte hervorbringen, sodass man von diesen Pflanzen eine Ernte erwarten kann. Solche Früchte enthalten dann aber keine Samen.

Pflege: Kübelpflanzen kommen im Sommer nach draußen, im Winter stehen sie kühl bei 5 bis 10 °C und werden nur sehr wenig gegossen. Sie können auch dunkel überwintert werden. Ältere Pflanzen sind sogar bis –10 °C frostfest und dürfen in milderen Lagen auch ins Freiland gepflanzt werden. Dann benötigen sie aber einen Winterschutz. Zwei Volldüngergaben im März und im Juni sind dabei ausreichend. Kübelpflanzen werden im Sommer wöchentlich gedüngt. Die Pflanze kann im Winter problemlos zurückgeschnitten werden. Schneidet man während der Vegetationszeit Zweige oder Blätter ab, tritt aus den Wunden eine weiße Flüssigkeit aus, die eine Grundsubstanz des Gummis darstellt. Die Früchte sollten erst geerntet werden, wenn beim Abpflücken keine Milch mehr austritt.

Feigenbäumchen aus Samen selbst ziehen

Die kleinen Nüsschen im Innern der Feige sind die eigentlichen Früchte. Das Fruchtfleisch ist nur der fleischige Blütenstand.

Man kann auch Feigenbäumchen aus den winzigen Samen ziehen, allerdings nur aus frischen, nicht aus getrockneten Früchten. Die kleinen Samen werden vorsichtig mit Wasser gereinigt und dann zu je acht bis zehn Stück in Torftöpfchen gesetzt und dünn mit Substrat bedeckt. Zum Keimen stellt man sie warm (22 bis 25 °C) und hält das Substrat immer feucht. Die Sämlinge brauchen einen warmen, hellen Standort. Nach der Keimung belässt man pro Töpfchen nur die stärkste Pflanze.

Haben die Pflänzchen ihren Ballen gut durchwurzelt, werden sie in normale Blumenerde umgetopft. Sie stellen an das Substrat keine besonderen Ansprüche, brauchen aber viel Sonne und Wasser und sollten im Sommer alle zwei Wochen gedüngt werden.

Hat man ein größeres Feigenbäumchen als Kübelpflanze zur Verfügung, wie es zum Beispiel in Gärtnereien erhältlich ist, kann man auch durch Stecklinge oder Ableger neue Pflanzen heranziehen. Größere Kübelpflanzen werden im Sommer nach draußen gestellt, im Winter sollten sie kühl stehen.

Granatapfel

Aus den prächtigen feuerroten Blüten gehen die Granatäpfel hervor, an deren Unterseite noch die Blütenkelche deutlich zu erkennen sind.

Allgemeines: Der Granatapfel (*Punica granatum*) ist ein Strauch oder ein reich verzweigter Baum, der eine Höhe von etwa 7 m erreichen kann. Er gehört zur Familie der Granatapfelgewächse (*Punicaceae*). Neben der normalen Wildform ist noch die kleinwüchsige Sorte 'Nana' erhältlich, die auch Früchte hervorbringt. Diese sind jedoch zum Verzehr zu klein.

Herkunft: Der Granatapfel stammt ursprünglich aus Persien, wo er schon vor über 2000 Jahren kultiviert wurde. Heute werden Granatapfelbäume in vielen tropischen und subtropischen Ländern angebaut. Sie sind ideal für Wintergärten und Gewächshäuser.

Blätter: Die 4 bis 10 cm langen, ledrigen Blätter sind eiförmig-lanzettlich. Sie sind gegenständig oder in Büscheln angeordnet und werden im Winter in unseren Breiten in der Regel abgeworfen.

Blüten: Die auffälligen Blüten sind leuchtend rot gefärbt und werden mindestens 3 cm groß. Sie können einzeln stehen oder in Gruppen. Drei bis sieben Blütenblätter umschließen zahlreiche Staubgefäße.

Früchte: Die kugeligen Beerenfrüchte können einen Durchmesser von 9 bis 12 cm erreichen. Sie besitzen eine bräunlich gelbe, lederartige Schale. Im Innern befinden sich Hunderte von etwa 5 mm langen Samen, die jeweils von säuerlichem, sehr saftreichem, rotem Fruchtfleisch, dem so genannten *Arillus*, umgeben sind, der den verzehrbaren Anteil der Frucht darstellt. Je höher die Temperaturen sind, umso süßer werden die Früchte. Die Erntezeit für die Früchte beginnt im Juli. Ein Anzeichen dafür, dass sie reif werden, ist das Rissigwerden der Schale. Meistens wird der Saft für die Herstellung von Getränken und Cocktails verwendet.

Besonderheiten: Wegen der Vielsamigkeit und der leuchtend roten Farbe galten Granatäpfel früher in vielen Kulturen als Symbol der Liebe und Fruchtbarkeit. Auch in vielen Mythen und Legenden spielt diese Frucht eine bedeutende Rolle, wie zahlreiche antike Abbildungen belegen.

Granatapfelbäume lassen sich auch durch Stecklinge vermehren. Hierfür wird ein Seitentrieb mit einem

Granatäpfel sollten erst geerntet werden, wenn die Schale beginnt rissig zu werden. Dann ist die Vollreife erreicht.

Stückchen vom alten Holz abgenommen und in ein feuchtes Torf-Sand-Gemisch gesteckt. Für die Wurzelbildung sind 18 bis 20 °C ideal. Am besten wird der Steckling mit Folie abgedeckt. Nach der Bewurzelung muss in einen 10 cm großen Topf umgetopft werden.

Pflege: Größere Pflanzen brauchen einen sonnigen Standort. Sie können im Sommer auch nach draußen gestellt werden. In dieser Zeit werden sie alle zwei Wochen gedüngt. Im Winter wird zwar die Düngung eingestellt, die Erde darf aber nie vollständig austrocknen. Die ideale Überwinterungstemperatur liegt bei 5 bis 10 °C. Große Pflanzen sind sogar bis −9 °C frostfest. Die kräftig grünen, glänzenden Blätter werden im Winter gelb und fallen ab. Im Frühjahr treibt die Pflanze neu aus. Nur wenn sie das ganze Jahr über gleich bleibend warmen Temperaturen ausgesetzt ist, findet kein Laubfall statt. Pflanzen, die ihr Laub abgeworfen haben, können dunkel überwintert werden. Alle ein bis zwei Jahre wird am besten im Frühjahr umgetopft.

Granatäpfel Schritt für Schritt vermehren

Es dauert ziemlich lange, bis Granatapfelsamen keimen. Die Sämlinge wachsen langsam, aber verholzen schon recht früh.

Die Samen müssen zunächst gründlich von dem umgebenden Fruchtfleisch gereinigt werden, damit keine Fäulnis auftritt. Man wäscht sie in warmem Wasser und reibt sie mit Küchenkrepp ab. Die größte Keimfähigkeit besitzen sie, wenn man sie sofort aussät. Jeweils fünf bis sechs Samen werden in Torftöpfchen gesetzt und 1 cm dick mit Substrat bedeckt. Zur Keimung benötigen sie eine Temperatur von 21 °C und ein gleich bleibend feuchtes Substrat. Nach zwei bis drei Monaten, eventuell auch schon früher, erfolgt die Keimung. Die Sämlinge werden nun an einen warmen, hellen Platz gestellt. Sind mehrere Samen pro Topf gekeimt, wird nur der stärkste Sämling belassen. Nach etwa vier Wochen werden die kleinen Pflänzchen mit ihrem Torftöpfchen in einen größeren Topf mit Blumenerde gesetzt. Sie stellen keine besonderen Ansprüche an das Substrat. Es sollte allerdings nie ganz austrocknen, wobei keine Staunässe auftreten darf. Die Jungpflanzen wachsen zwar recht langsam, aber der kleine Stamm verholzt schon recht früh.

Guave

Auffällig sind die großen Blätter des Guavenbaumes mit den stark eingesenkten, roten Blattadern. Die Früchte verfärben sich mit zunehmender Reife gelb, werden aber häufig schon grün gepflückt.

Allgemeines: Die Guave (*Psidium guajava*) gehört zur Familie der Myrtengewächse (*Myrtaceae*). Der immergrüne Baum wird bis zu 10 m hoch. Der Stamm besitzt eine braune, schuppig abblätternde Rinde.

Herkunft: Die Heimat der Guave ist das tropische und subtropische Amerika. Heute wird sie auch viel in Indien und Südafrika angebaut.

Blätter: Die gegenständig angeordneten Blätter haben eine elliptische bis ovale Form und werden bis zu 15 cm lang. Sie sind oberseits glänzend grün und auf der Unterseite fein flaumig behaart. Die Blattnerven sind auf der Oberseite eingesenkt und treten auf der Unterseite stark hervor. Die Blätter duften beim Zerreiben aromatisch.

Blüten: Die 2 bis 3 cm großen, weißen Blüten erscheinen meistens einzeln, seltener in kleinen Büscheln. Sie verströmen einen angenehmen, intensiven Duft.

Früchte: Guaven sind runde bis eiförmige Beerenfrüchte, die 5 bis 15 cm groß werden können. Die wachsartige Schale ist im reifen Zustand gelb. Die Früchte werden aber oft grün gepflückt, damit sie auf dem Weg zu ihrem Bestimmungsort nachreifen. In dem gelblichen oder rosafarbenen Fruchtfleisch, sind die zahlreichen kantigen, nierenförmigen Samen kreisförmig angeordnet. Zur Mitte hin nimmt die Anzahl der Samen ab. Bedingt durch den hohen Pektingehalt hat das Fruchtfleisch eine schleimige Substanz. Die Früchte werden vorwiegend für die Geleeherstellung oder in der Getränkeindustrie verwendet.

Besonderheiten: Der Name *Psidium* leitet sich von dem griechischen Wort für Granatapfel „psidion" ab und weist auf die Ähnlichkeit mit dieser Frucht hin. Nicht zu verwechseln mit der Guave ist die Ananas-Guave oder Feijoa (*Acca sellowiana*). Sie gehört auch zu den Myrtengewächsen und ist gelegentlich als Kübelpflanze erhältlich. Ihre Heimat ist Südamerika, wo sie wild in den Bergen wächst. Die auffälligen Blüten mit den fleischigen Blütenblättern können bis zu 4 cm im Durchmesser werden. Die essbaren Beerenfrüchte sind ei- oder birnenförmig. Sie werden 4 bis 6 cm

Die Feijoa gehört zur gleichen Pflanzenfamilie wie die Guave und besitzt hübsche rot-weiße Blüten, die ab Mai erscheinen.

lang und bis zu 5 cm breit. Die Kelchblätter der Blüten bleiben an den Früchten hängen. Sie besitzen eine dünne, fein behaarte Schale, sind grün oder gelblich grün und duften aromatisch. Der Geschmack des weißen, körnigen Fruchtfleisches erinnert etwas an den der Guave und Ananas. Sie werden auch ähnlich verwertet und können wie eine Kiwi gegessen werden. Die Feijoa wird vor allem dort angebaut, wo es für die Guave zu kühl ist. Sie kann auch im Mittelmeerraum in frostfreien Gegenden kultiviert werden.

Pflege: Im Frühjahr vor der Blüte kann es sein, dass die Pflanze alle Blätter abwirft, um bald darauf neu auszuschlagen. Ältere Pflanzen eignen sich als Kübelpflanzen, die im Sommer auch hinausgestellt werden können, gedeihen aber im Haus ebenso gut. Sie sind bis –3 °C frostfest, sollten aber nicht unter 10 bis 15 °C überwintert werden. Im Sommer wird reichlich gegossen und gedüngt. Im Winter sollte der Ballen feucht gehalten werden. Einmal jährlich wird umgetopft.

Guaven Schritt für Schritt vermehren

Typisch für Guaven ist die wachsartige Schale. Reife Früchte verströmen einen angenehmen Duft und fühlen sich sehr weich an.

Die Samen werden mit warmem Wasser vom Fruchtfleisch gesäubert und dann einer Wasserbeizung (20 Minuten bei 50 °C) unterzogen. Danach setzt man sofort je sechs bis acht Stück in Torftöpfchen und bedeckt sie 1 cm dick mit Substrat. Die Töpfe werden warm (20 bis 25 °C) gestellt und gleichmäßig feucht gehalten. Nach zwei bis drei Wochen keimen die Samen. Die Sämlinge werden hell gestellt, wobei die Temperatur nicht unter 18 °C fallen darf.
Ist der Torfballen gut durchwurzelt, setzt man in Blumenerde um. Später wird immer nach Bedarf umgetopft, da die Pflanze schnell wächst. Sie liebt sonnige Standorte. Während des Wachstums und im Sommer muss man reichlich gießen und ein- bis zweimal monatlich düngen. Im Winter wird nicht mehr gedüngt und weniger gegossen.

Kleine Guavenpflanze

Ingwer

Ingwer ist eine schilfartige Staude, bei der die Blätter direkt aus dem Rhizom herauswachsen und eine Höhe von bis zu 1 m erreichen können.

Allgemeines: Nach dem Ingwer (*Zingiber officinale*) ist eine ganze Pflanzenfamilie, die Ingwergewächse (*Zingiberaceae*), benannt. Die Ingwerpflanze ist eine schilfartige Staude, also eine mehrjährige, krautige Pflanze, die bis 1 m hoch werden kann.

Herkunft: Der Ingwer stammt ursprünglich aus Indien. Dort wird er auch heute noch in großen Mengen angebaut, ebenso wie in China, Japan und Afrika sowie den gesamten Tropen. Schon im Mittelalter war Ingwer auch in Mitteleuropa bekannt. Die idealen Wachstumsbedingungen für Ingwerpflanzen sind ein typisches Waldklima mit hoher Luftfeuchtigkeit und gleichmäßigen Temperaturen.

Blätter: Die lanzettlichen Blätter werden bis zu 20 cm lang und 2 cm breit. Sie verströmen einen aromatischen Duft. In den Ursprungsländern werden die frischen Blätter auch als Gewürz verwendet.

Blüten: Die Blüten erscheinen in einer 15 bis 25 cm langen Ähre. Die 2,5 cm langen Einzelblüten sind violett gefärbt und besitzen eine gelbe, dreilappige Lippe.

Früchte: Die Früchte sind dreiklappige Kapseln, die sich bei Reife öffnen und zahlreiche kleine schwarze Samen entlassen. Für das Heranziehen von neuen Pflanzen spielen hier die Samen keine Rolle. Die Vermehrung erfolgt vegetativ.

Besonderheiten: Als Ingwer wird im allgemeinen Sprachgebrauch die im Handel erhältliche Wurzel (Rhizom) der Ingwerpflanze bezeichnet. Die Ingwerpflanze bildet dieses horizontal im Boden kriechende und sich stets neu verzweigende, knollige Rhizom und breitet sich so aus.

Die frische Wurzel wird geschält und gerieben oder in Scheiben geschnitten zum Würzen von süßen oder pikanten Gerichten sowie Getränken aller Art verwendet. Das scharf-würzige Aroma ist sehr intensiv und mit keinem anderen Gewürz vergleichbar.

Der wissenschaftliche Name „*officinale*" weist darauf hin, dass der Ingwer schon seit jeher als Heil- und Arzneipflanze galt. Denn nur Pflanzen, denen eine Heilkraft zugeschrieben wurde, bekamen den Artna-

Damit die Ingwerwurzel austreibt, muss sie prall und makellos sein. Angefaulte oder eingetrocknete Rhizome sind nicht geeignet.

men *officinale*. Ingwer ist entzündungshemmend, wirkt Brechreiz entgegen und regt die Magensaft-, Speichel- und Gallebildung an. Er wird besonders zur Behandlung von Verdauungsbeschwerden verwendet und gilt auch als Mittel gegen Reise- oder Seekrankheit.

In Indien und vielen anderen tropischen Ländern ist Ingwer eines der beliebtesten und am meisten verwendeten Gewürze. Je nach Herkunft ist das Aroma des Ingwers unterschiedlich und mehr oder minder scharf.

Pflege: Im Sommer verträgt die Pflanze Temperaturen bis 30 °C. Sie kann auch an einen geschützten Ort im Freien gestellt werden. Die schilfähnlichen Blätter verfärben sich im Herbst gelb und werden vollständig eingezogen. Der Topf kann nun in einem dunklen Raum, in dem die Temperatur nicht unter 10 °C fällt, überwintert werden. In dieser Zeit wird nicht gegossen. Im Februar wird er wieder warm und hell gestellt und gegossen. Dann treibt die Pflanze neu aus.

Ingwerwurzeln vermehren

Ein 7 bis 10 cm langes Stück Ingwer wird auf feuchte Anzuchterde gelegt und anschließend dünn mit Substrat bedeckt.

Aus den frischen Ingwerwurzeln lassen sich vegetativ neue Pflanzen heranziehen. Häufig erkennt man schon an den fleischigen Rhizomen die neuen Triebknospen. Damit die Wurzelknollen auch austreiben, müssen sie prall sein und dürfen keine Faulstellen aufweisen. Um die aromatischen Wurzeln zu vermehren, füllt man zunächst einen keimfreien Blumentopf zu zwei Dritteln mit Anzuchterde, legt dann das Rhizom flach darauf und bedeckt es anschließend 1 bis 2 cm dick mit Substrat. Zum Schluss stülpt man eine Plastiktüte darüber und sorgt dafür, dass die Erde gleichmäßig feucht bleibt.

Der Topf wird nun konstant warm bei 20 bis 25 °C gestellt. Bis sich die ersten Wurzeln bilden, kann es mehrere Wochen dauern. Sobald der Spross erscheint, wird die Plastiktüte entfernt und das Pflänzchen kann an einen hellen, warmen Ort gestellt werden.

Sollte das Rhizom zu groß sein, kann man auch ein 7 bis 10 cm großes Stück mit einem sauberen, scharfen Messer abschneiden und einpflanzen.

Kaki

Bevor die Kakis reif sind, wirft der Baum seine Laubblätter ab. Typisch für die Früchte sind die vier großen Kelchblätter, die beim Ernten an den Früchten verbleiben.

Allgemeines: Die Kaki (*Diospyros kaki*), auch Kakipflaume oder Japanische Persimmon genannt, gehört zur Familie der Ebenholzgewächse (*Ebenaceae*). Die 10 bis 15 m hoch werdenden, sommergrünen Bäume haben einen buschigen Wuchs. Sie sind zweihäusig, das heißt, sie besitzen entweder nur männliche oder weibliche Blüten. Jedoch können die weiblichen Blüten auch ohne vorherige Befruchtung Früchte hervorbringen. Diese enthalten dann aber auch keine Samen.

Herkunft: Die Kaki stammt ursprünglich aus Japan und China. Erst um 1800 wurde die Pflanze in Europa eingeführt und wird seit Beginn des 20. Jahrhunderts auch im Mittelmeerraum angebaut. Als typische Pflanze der Subtropen verträgt sie keine übermäßige Hitze.

Blätter: Die glänzend dunkelgrünen Blätter können 8 bis 20 cm lang werden.

Blüten: Die Blüten sind blassgelb gefärbt. Die männlichen Blüten sind in Dreiergruppen in den Blattachseln angeordnet, die weiblichen Blüten stehen einzeln.

Früchte: Kakis sind etwa 8 bis 10 cm große Beerenfrüchte. Sie sehen aus wie eine abgeflachte, leicht eckige Tomate und haben eine glatte orangefarbene oder rötliche Schale. Typisches Erkennungszeichen sind die vier großen Kelchblätter am oberen Ende der Frucht. Wurden die weiblichen Blüten befruchtet, enthalten die daraus entstehenden Früchte vier bis acht Samen. Unreif geerntete Früchte kann man bei Zimmertemperatur nachreifen lassen.

Besonderheiten: Die neuere Variante der Kaki, die so genannte Sharon, wurde in Israel gezüchtet und verdrängt die Kaki immer mehr vom Markt. Die ursprünglichen Kakis enthalten im unreifen Zustand sehr viel Tannin (Gerbsäure), das erst mit zunehmender Reife abgebaut wird, sodass sie nur vollreif genießbar sind. Das Fruchtfleisch hat dann eine puddingähnliche Konsistenz. Die Schale erscheint leicht bereift, enthält noch reichlich Gerbstoffe und sollte nicht mitverzehrt werden.
Die Sharon kann vor der Vollreife verzehrt werden. Die Schale ist dünner und darf mitgegessen werden.

Hier sieht man noch das üppig grüne Laub des Kakibaumes, während die Früchte noch völlig unreif sind. Ihre Reifezeit beginnt im Herbst.

Ebenso ist das Fruchtfleisch fester als von der Kaki. Da diese Früchte aber aus unbefruchteten Blüten hervorgehen, sind sie samenlos und für die Anzucht neuer Pflanzen nicht geeignet.

In Baumschulen werden manchmal veredelte Kakibäume angeboten, bei denen die Art *Diospyros virginiana* als Unterlage dient, um die Winterhärte zu verbessern.

Pflege: Da die Pflanze im Herbst ihre Blätter abwirft, kann man sie kühl und dunkel überwintern. Bevor das Laub abfällt, färbt es sich erst gelb und dann rötlich. Ältere Pflanzen bestimmter Sorten vertragen im entlaubten Zustand sogar Temperaturen bis –18 °C. In milden Klimagebieten kann der Kakibaum an geschützten, sonnigen Standorten ins Freiland gepflanzt werden. Die Pflanze verträgt Trockenheit sehr gut und wächst relativ langsam. Im Sommer sollte etwa einmal im Monat gedüngt werden. Die Früchte reifen dann im Herbst. Im Winter wird nur wenig gegossen und nicht gedüngt. Die Kaki ist auch ideal als Kübelpflanze für Wintergärten geeignet.

KAKIS VERMEHREN

Das Fruchtfleisch der Kaki hat eine puddingähnliche Konsistenz. Sind die Früchte durch vorhergehende Befruchtung entstanden, enthalten sie Samen.

Da die Kaki an kältere Klimazonen angepasst ist, müssen die Samen stratifiziert werden, damit sie ihre Keimfähigkeit erlangen, das heißt, sie müssen, wie auf Seite 9 beschrieben, für einen bestimmten Zeitraum kalten Temperaturen ausgesetzt werden. Anschließend setzt man sie in Torftöpfchen oder keimfreie Töpfe mit Anzuchterde und bedeckt sie 1 cm dick mit Substrat.

Die Keimtemperatur beträgt 15 bis 20 °C. Die Erde muss immer gut feucht sein.Die Sämlinge brauchen einen hellen bis sonnigen Standort. Sie werden nur nach Bedarf umgetopft, wenn das Substrat gut durchwurzelt ist. Im Frühling werden die Jungpflanzen wöchentlich, später nur noch einmal monatlich, gedüngt. Sie vertragen zwar kurzzeitige Trockenheit, die Erde sollte aber nie ganz austrocknen. Im ersten Jahr müssen die Pflänzchen auf alle Fälle frostfrei überwintern.

Wegen der tief reichenden Wurzeln brauchen die Jungpflanzen ein großes Pflanzgefäß.

Kaktusfeige

Bevor die schmackhaften Kaktusfeigen heranreifen, erfreuen uns die Opuntien mit ihren prächtigen und leuchtend gefärbten Blüten – hier Opuntia maxima.

Allgemeines: Kaktusfeigen (*Opuntia ficus-indica*) sind die Früchte des Feigenkaktus oder der Opuntie, wie diese Pflanze auch genannt wird. Die bis zu 4,5 m hoch werdenden Kakteen (Familie *Cactaceae*) bilden häufig undurchdringliche Hecken und werden daher gerne als lebende Zäune eingesetzt.

Herkunft: Die ursprüngliche Heimat des Feigenkaktus ist das tropische Südamerika. Schon vor Jahrtausenden wurden die Kakteen wegen ihrer Früchte in Mexiko angebaut. Heute gibt es diese Pflanzen außerdem im gesamten Mittelmeerraum, in Asien und in Australien.

Blätter: Die „Ohren" des Feigenkaktus sind nicht – wie man leicht annehmen könnte – die Blätter, sondern hierbei handelt es sich um blattförmig abgeflachte Sprosssegmente, die jeweils bis zu 45 cm lang und 25 cm breit werden können. Die auf der Oberfläche verteilten kleinen, halbkugelförmigen Polster, die so genanten *Areolen*, sind mit unterschiedlich langen Dornen (nicht Stacheln!) besetzt.

Blüten: An den Rändern der sukkulenten Sprossglieder bilden sich ungestielte Blüten mit leuchtend gelben Kronblättern.

Früchte: Die beerenartigen Sammelfrüchte sind oval und werden 8 bis 10 cm lang. Die Schale kann gelb, orange, rot oder rotviolett gefärbt sein und ist mit kleinen, in Büscheln angeordneten Dornen besetzt. Das gelbliche, rosa oder rote Fruchtfleisch enthält zahlreiche, sehr harte Samen. Übrigens ist der in den roten Früchten enthaltene Farbstoff so intensiv, dass sich nach Verzehr größerer Mengen der Urin sogar rot färben kann, was aber völlig unschädlich ist.

Besonderheiten: Die Pitahaya ist eine weitere, schmackhafte Frucht einer Kaktusart. Ihre Schale ist gelb oder rot gefärbt und mit schuppenartigen Auswüchsen bedeckt. Die Samen sind weicher als bei der Opuntie und eigenen sich daher besser zum Rohverzehr (siehe auch Seite 74).

Bis aus dem winzigen Sämling ein stattlicher Kaktus wird, dauert es Jahre und man braucht viel Geduld, da

Die Früchte des Feigenkaktus werden kurz vor oder zur Reife, geerntet und reifen bei Zimmertemperatur nach.

Kaktusfeigen sehr langsam wachsen. Schneller geht da die vegetative Vermehrung, indem man einfach ein Sprosssegment von einer Mutterpflanze abtrennt und in Kakteenerde einpflanzt. Bei ständig feuchtem Substrat können Sie sich in der Regel innerhalb einiger Wochen über die Bewurzelung freuen.

Pflege: Umgetopft werden die Pflanzen nur selten nach Bedarf. Das Substrat sollte dann aus einem Gemisch von 70 % Erde und 30 % Sand bestehen.

Größere Pflanzen können im Sommer an einem sonnigen, geschützten Ort im Freien stehen. Überwintert werden die Kakteen bei 6 bis 8 °C, da eine kalte Überwinterung die nächste Blütenbildung fördert. Opuntien sind bis –3 °C frostfest, sie brauchen aber auch im Winter möglichst viel Sonne. In der kalten Jahreszeit gießt man nur sehr wenig, große Pflanzen gar nicht. Das restliche Jahr über lässt man die Erde zwischendurch immer mal wieder austrocknen. Dank der fleischigen Blätter mit den Wasser speichernden Zellen vertragen sie aber auch große Hitze und Trockenheit.

Kaktusfeigen durch Aussaat vermehren

Die bei Vollreife rotviolett gefärbten Kaktusfeigen besitzen auch ein ebenso intensiv gefärbtes Fruchtfleisch.

Für die Aussaat werden zunächst die Samen vom Fruchtfleisch befreit und mit warmem Wasser gründlich abgewaschen. Dann setzt man sie einzeln in Torfquelltöpfchen. Da die Keimlinge sehr anfällig für Infektionen sind, sollte man keine Anzuchterde oder anderes Substrat verwenden. Die Keimtemperatur beträgt 25 °C. Das Substrat muss gleichmäßig feucht sein. Nach drei bis sechs Wochen erscheinen die ersten dickfleischigen Vorkeimblätter, die noch keine Ähnlichkeit mit einem Kaktus haben. Die Anzuchtschale wird nun an einen sonnigen Platz gestellt, der zumindest tagsüber schön warm ist. Zwischen den Keimblättern erscheint dann das erste winzige Kaktusblatt, an dem schon kleine Dornen zu erkennen sind. Alle zwei bis vier Wochen gibt man nun einen speziellen Kakteendünger.

Vorkeimblätter der Opuntien

Karambola oder Sternfrucht

Karambolas werden häufig grün geerntet, damit sie den Transport besser überstehen. Da sie problemlos nachreifen, gelangen sie so im richtigen Reifezustand zum Verbraucher.

Allgemeines: Die Karambola (*Averrhoa carambola*) ist ein tropischer Vertreter der Sauerkleegewächse (*Oxalidaceae*). Der immergrüne, buschig wachsende Baum kann bis zu 10 m hoch werden. Die Pflanzen vertragen sowohl Sonne als auch Halbschatten.

Herkunft: Die ursprüngliche Heimat der Karambola ist Malaysia. Von dort wurde sie in viele tropische Länder eingeführt und wird heute hauptsächlich im tropischen Amerika, in Afrika, Indien und Indonesien angebaut. Die Früchte gelangen fast das ganze Jahr über bei uns auf den Markt.

Blätter: Die eiförmig, spitz zulaufenden Blätter sind so angeordnet, dass jeweils fünf bis elf Stück ein großes Fiederblatt bilden, das insgesamt 20 bis 50 cm lang werden kann. Die Einzelblättchen sitzen alternierend am Stiel und werden zum Ende hin größer. Bei den Jungpflanzen sind die kleinen Blättchen sehr zart und empfindlich. Die Fiederblätter falten sich nachts sowie bei Trockenheit und starker Sonneneinstrahlung natürlicherweise zusammen.

Blüten: Die Blüten können bis zu 2,5 cm groß werden. Sie sind weiß oder rosa gefärbt und in Büscheln an den Triebenden und in den Blattachseln angeordnet. Die hübschen Blüten haben einen hohen Zierwert und erscheinen mehrmals im Jahr.

Früchte: Die bis zu 12 cm lang und 3 bis 6 cm im Durchmesser werdenden Beerenfrüchte sind leicht an der unverwechselbaren Form zu erkennen. Sie sind so in fünf Segmente unterteilt, dass ihr Querschnitt einen fünfzackigen Stern ergibt. Daher rührt auch der Name „Sternfrucht".

Die zunächst grünlichen Früchte mit der wachsartig glatten Schale verfärben sich bei Vollreife goldgelb. Spätestens, wenn sich die Kanten der „Zacken" bräunlich verfärben, sollte die Frucht verzehrt werden. Das gelbe, saftige Fruchtfleisch duftet nach Jasmin und hat einen säuerlichen Geschmack. Die Früchte enthalten etwa zehn längliche, helle Samen, die in der Mitte in das knackige Fruchtfleisch eingebettet sind.

Die Karambola ist an ihrem unverwechselbaren, sternförmigen Aussehen leicht zu erkennen und bietet auf jedem Tisch einen schönen Anblick.

Besonderheiten: Die Früchte werden entweder frisch verzehrt oder zu Säften oder Obstsalaten verarbeitet. In vielen asiatischen Ländern und in Australien verwendet man die Früchte auch als Kompott oder Gemüse. Unreife Früchte werden gekocht und als Beilage zu Fisch und Meeresfrüchten serviert. Wegen ihres attraktiven Aussehens verwendet man die Karambola auch gerne zum Garnieren von kalten Platten, Desserts oder Cocktails. Da die Früchte den Blutzuckerspiegel senken, werden sie bei Diabetes empfohlen. Den Saft der Karambola kann man zum Säubern von Metall und zum Entfernen von Flecken verwenden.

Pflege: Ältere Pflanzen vertragen zwar Frost bis −2 °C, sollten aber möglichst auch im Winter temperiert stehen, zum Beispiel in einem Wintergarten. Im Sommer wird alle zwei bis vier Wochen gedüngt, im Winter nur alle ein bis zwei Monate. Nur nach Bedarf, wenn also die Erde gut durchwurzelt ist, topft man im Frühjahr um. Mit ihren feinen Fiederblättern ist die Karambola eine zarte und sehr dekorative Zierpflanze.

Sternfrüchte vermehren

Um die relativ weichen Samen nicht zu verletzen, schneidet man die Frucht am besten längs entlang der Furchen vorsichtig auf.

Um die Samen zu entnehmen, schneidet man die Frucht vorsichtig entlang der Vertiefungen längs auf, sodass die weichen Kerne nicht zerschnitten werden. Die Samen sind dann gründlich mit lauwarmem Wasser zu reinigen und sofort in Torftöpfchen (1 bis 2 Samen pro Stück) auszusäen. Abschließend werden sie 0,5 cm dick mit Substrat bedeckt. Die optimale Keimtemperatur liegt bei 22 bis 25 °C. Das Substrat muss immer feucht sein. Nach drei bis vier Wochen erscheinen die Keimlinge. Sie müssen hell und warm (nicht unter 22 °C) stehen. Da die kleinen Pflänzchen sehr empfindlich sind, wird nun jeden Tag ganz vorsichtig der Deckel der Anzuchtschale immer weiter geöffnet bis er schließlich ganz entfernt werden kann. Zugluft und unnötige Bewegungen schaden den Pflanzen. Erst wenn das Torftöpfchen gut durchwurzelt ist, wird es vorsichtig in einen Topf mit lockerer Blumenerde umgesetzt. Eine Aussaat in Schalen mit Anzuchterde empfiehlt sich, wegen Wurzelschäden durch das frühe Umpflanzen, nicht.

Kiwi

In mildem Klima gedeihen Kiwipflanzen auch bei uns im Freiland und können durchaus eine reiche Ernte hervorbringen.

Allgemeines: Die Kiwi (*Actinidia deliciosa*), die auch als Chinesische Stachelbeere bezeichnet wird, gehört zur Familie der Strahlengriffel (*Actinidiaceae*) und ist eine zweihäusige Rankpflanze, deren Triebe mit der Zeit verholzen.

Herkunft: Die Kiwi stammt ursprünglich aus China, wo sie schon vor mindestens 1000 Jahren kultiviert wurde. Aber erst um 1900 wurde sie in Europa, den USA und Neuseeland eingeführt. Seit den 70er-Jahren wird die Kiwi auch außerhalb ihres Heimatlandes kultiviert. Neuseeland ist bis heute das Haupterzeugerland für diese Früchte. Der Name Kiwi stammt vermutlich daher, dass die Neuseeländer die Früchte, mit der braunen, haarigen Schale, im Aussehen mit ihrem flugunfähigen Wappenvogel, dem Kiwi, verglichen haben.

Blätter: Die herzförmigen Blätter sind flaumig behaart und werden bis zu 17 cm breit und 20 cm lang. Sie sind wechselständig angeordnet und lang gestielt.

Blüten: Die 3 bis 4 cm großen, weißen Blüten erscheinen im Juni und duften angenehm. Da die Pflanze zweihäusig ist, bildet sie jeweils nur männliche Blüten mit Staubgefäßen oder weibliche Blüten mit Griffel und Narbe aus. Es können sich bei dieser Kiwiart nur Früchte entwickeln, wenn männliche und weibliche Pflanzen nebeneinander gesetzt werden.

Früchte: Die hühnereigroßen Beerenfrüchte haben grünes Fruchtfleisch und eine raue, mit winzigen Haaren bedeckte, braune Schale. Schneidet man die Frucht quer durch, erkennt man den ehemaligen Blütengriffel als weißen Mittelteil, um den strahlenförmig (Name!) zahlreiche Kammern angeordnet sind. In diesen Kammern sind die winzigen Samen eingebettet. Die kleinen schwarzen Kerne sind relativ weich und können problemlos mitverzehrt werden.

Besonderheiten: Kiwis enthalten ein spezielles Eiweiß spaltendes Enzym mit Namen Actinidin. Daher können sie als Fleischzartmacher verwendet werden, indem Kiwischeiben vor der Zubereitung einfach auf das Fleisch gelegt werden. Wegen dieses Enzyms empfiehlt es sich auch nicht, Kiwis in Kombination

Kiwis sind zweihäusige Rankpflanzen. Hier handelt es sich um eine männliche Pflanze, erkennbar an den Blüten mit den zahlreichen Staubgefäßen.

mit Gelatine zu verarbeiten, da sie diese aufspalten und somit der gelierende Effekt aufgehoben wird. Quark bekommt in Verbindung mit Kiwis aufgrund von Zersetzungsprozessen nach einiger Zeit einen bitteren Geschmack.

Mittlerweile gibt es aber auch im Handel immer häufiger gelbe Kiwis, die gut in Quarkspeisen zu verarbeiten sind, da sie nicht mehr das Eiweiß spaltende Enzym besitzen. Die gelbe Kiwifrucht hat ein angenehm süßes Aroma.

Pflege: Kiwis sind Rankpflanzen und können bis zu 10 m lange Triebe bilden. Daher brauchen größere Pflanzen eine Stütze oder ein Spalier, an dem sie sich entlangranken können. Ideal gedeihen sie in Gewächshäusern, die im Winter nicht so stark beheizt werden. In milden Klimaten können sie an geschützten Stellen auch draußen überwintern. Sie sind bis –12 °C frostfest. Im Herbst und Frühjahr vertragen sie einen Rückschnitt. Mit einer Blüte ist bei selbst gezogenen Pflanzen frühestens nach sieben Jahren zu rechnen.

Kiwis vermehren

Im Innern der Kiwi befinden sich zahlreiche Samen. Im Querschnitt kann man gut die typische, strahlenförmige Anordnung erkennen.

Die winzigen Samen werden zunächst gründlich gereinigt und auf Filterpapier oder Küchenkrepp getrocknet. Um ihre Keimfähigkeit zu erlangen, werden sie für mindestens 30 Tage bei 1 bis 6 °C im Kühlschrank aufbewahrt. Zur Aussaat legt man die Samen auf feuchte Torftöpfchen oder Anzuchterde und drückt die Lichtkeimer nur leicht ein. Eine Keimtemperatur von 18 bis 20 °C reicht aus. Nach etwa zwei bis drei Wochen erscheinen die ersten Keimlinge. Sie werden nun an ein helles Fenster gestellt und gut feucht gehalten. Staunässe ist zu vermeiden. Häufig erscheinen zu viele Pflänzchen auf engem Raum. Sie müssen dann ausgedünnt werden und nur die stärksten werden belassen. Schon die jungen Pflanzen können im Sommer draußen an einen windgeschützten Platz gestellt werden. Eine monatliche Düngung reicht aus. Die Erde darf nicht austrocknen. Im ersten Jahr müssen sie frostfrei überwintern. Während dieser Zeit brauchen sie nur wenig Wasser und keinen Dünger. Bevor die Pflanze im nächsten Frühjahr neu austreibt, sollte umgetopft werden.

Litschi und Rambutan

Wegen ihrer mit langen, weichen Stacheln besetzten Schale wird die Rambutan auch Haarige Litschi genannt. Sie kommt bei uns viel seltener in den Handel als die Litschi.

Litschi (*Litchi chinensis*)

Allgemeines: Die Litschi oder Chinesische Pflaume gehört zur Familie der Seifenbaumgewächse (*Sapindaceae*). Da die Bäume viel Wasser benötigen, sind sie bevorzugt an feuchten Standorten zu finden. Sie können bis zu 10 m hoch werden, bleiben aber meist kleiner.

Herkunft: Die Litschi wurde schon vor 4000 Jahren in ihrer Heimat Südchina kultiviert. Als typische Pflanze der Subtropen wird sie heute in vielen Ländern weltweit angebaut.

Blätter: Die gefiederten Blätter sind aus drei bis acht Einzelblättchen zusammengesetzt, die 10 bis 15 cm lang werden können. Die jungen Blättchen sind zunächst orange, rosa oder kupferfarben, später glänzend grün.

Blüten: Die gelblich weißen Einzelblüten erscheinen in dichten Rispen.

Früchte: Die 3 bis 4 cm langen Früchte sind rundlich bis oval. Die raue, warzige, rotbraune Schale ist dünn und brüchig und lässt sich leicht mit den Fingern öffnen.

Rambutan (*Nephelium lappaceum*)

Allgemeines: Die Rambutan zählt wie die Litschi zur Familie der Seifenbaumgewächse (*Sapindaceae*). Der 15 bis 25 m hoch werdende Baum bevorzugt ein feuchtwarmes Klima. Der Beiname „Haarige Litschi" lässt auf das Aussehen der Früchte schließen.

Herkunft: Die Rambutan stammt ursprünglich aus den tropischen Feuchtgebieten Malaysias und ist somit im Gegensatz zur Litschi eine echte Tropenpflanze.

Blätter: Die gefiederten Blätter können 15 cm breit und 25 cm lang werden und sind matt glänzend.

Blüten: Die gelblichen oder weißen Blüten sind klein und unscheinbar und in langen Rispen angeordnet.

Früchte: Die bis zu 5 cm großen Früchte besitzen eine brüchige, gefelderte Schale. Jedes Feld ist in einen langen, weichen, roten Stachel ausgezogen. Daher sehen die Früchte wie behaart aus (malaiisch/indonesisch „rambut"= Haar). Beschaffenheit und Geschmack des Fruchtfleisches sind ähnlich wie bei der Litschi. Die Früchte kommen bei uns allerdings wesentlich selte-

Aus den Blütenrispen gehen die roten Litschis hervor. Sie müssen bis zur Vollreife am Baum belassen werden, da sie geerntet nicht nachreifen.

ner in den Handel, da sie schneller verderben. Sie werden in Plastiktüten verpackt angeboten, damit sie nicht austrocknen. Die Stacheln müssen weich und rot sein. Sind sie schon dunkel und brüchig, ist die Frucht zu alt und vertrocknet.

Aussaat und Pflege sind bei beiden beschriebenen Arten ähnlich.

Pflege: Litschipflanzen haben einen sehr hohen Wasserbedarf. Da sie relativ langsam wachsen, genügt einmal im Monat die Gabe von etwas Azaleendünger. In den Sommermonaten können die Pflanzen an einen geschützten Ort im Freien gestellt werden. Im Herbst müssen sie aber rechtzeitig hineingeholt werden, da die Pflanzen nicht frostfest sind. Im Winter sollte die Temperatur nicht unter 15 °C fallen. Jährlich im Frühjahr wird umgetopft. Zu groß gewordene Pflanzen dürfen jetzt kräftig zurückgeschnitten werden, da sie einen Rückschnitt gut vertragen. Bäume, die aus Samen gezogen wurden, bringen erst nach zehn Jahren Früchte hervor und dann von minderer Qualität.

Litschi und Rambutan aussäen

Erst wenn die kleinen Litschipflanzen schon einige Wochen oder Monate alt sind, verfärben sich die Blätter von kupferrot nach kräftig grün.

Für eine erfolgreiche Keimung sollten die Früchte möglichst frisch sein, da die Lebensfähigkeit der Samen in der geernteten Frucht nur wenige Wochen erhalten bleibt. Nach Entnahme aus der Frucht müssen die Samen sofort für die Aussaat vorbereitet werden, denn außerhalb der Frucht ist der Same höchstens noch wenige Tage keimfähig. Findet keine Keimung statt, waren die Früchte bzw. die Samen schon zu alt. Die Samen werden gründlich gereinigt und anschließend einer Wasserbeizung unterzogen. Dann müssen sie einzeln in vorbereitete Torftöpfchen gelegt und 1,5 bis 2 cm dick mit Substrat bedeckt werden. Zum Keimen stellt man die Anzuchtschale warm (22 bis 25 °C). Das Substrat muss immer gut feucht sein. Nach etwa zwei Wochen keimen die Samen und bilden sofort sehr kräftige Wurzeln, sodass sie bald in einen größeren Topf umgesetzt werden müssen.

Die jungen Pflänzchen benötigen hohe Luftfeuchtigkeit, einen geschützten, hellen, aber nicht sonnigen Standort und Temperaturen über 20 °C.

Loquat oder Wollmispel

Die Früchte der Japanischen Mispel bilden sich in Rispen an den Zweigenden. Sie müssen vollreif geerntet werden, da sie nicht nachreifen.

Allgemeines: Die Loquat (*Eriobotrya japonica*) wird auch Japanische Mispel oder Wollmispel genannt. Der bis zu 8 m hoch werdende, immergrüne Baum besitzt dicke Zweige, die zum Teil wollig behaart sind. Er gehört zur Familie der Rosengewächse (*Rosaceae*).
Herkunft: Trotz der Bezeichnung „Japanische Wollmispel" scheint die Loquat ursprünglich aus China zu stammen. Dort wird sie heute noch wie in Japan und Indien kultiviert. Außerdem wird sie im gesamten Mittelmeerraum und vielen anderen subtropischen Gebieten angebaut.
Blätter: Die elliptischen Blätter werden 12 bis 30 cm lang und sind etwa 10 cm breit. Auf der Unterseite sind sie bräunlich behaart.
Blüten: Die Blüten erscheinen in endständigen Rispen, die aus etwa 100 weißen, 1 bis 2 cm breiten Einzelblüten bestehen können.
Früchte: Die Frucht erinnert im Aussehen an einen kleinen Apfel und ist ebenso eine Kernfrucht. Sie ist kugelig oder birnenförmig und erreicht eine Größe von 5 bis 8 cm. An einem Ende hat sie eine Einbuchtung, an der noch der vertrocknete Blütenkelch zu erkennen ist. Die Früchte sind bei Vollreife hellgelb oder orange gefärbt. Das feste, saftige Fruchtfleisch hat ein süß-säuerliches Aroma. In dem Kerngehäuse, in der Mitte der Frucht, befinden sich zwei bis drei große, dunkelbraune Samen.
Besonderheiten: Die Früchte müssen vollreif geerntet werden, denn sie reifen nicht nach. Deshalb gelangen sie relativ selten und dann nur aus dem Mittelmeerraum bei uns auf den Markt, da sie einen längeren Transport nicht überstehen.
Pflege: Die Loquat ist eine attraktive Kübelpflanze, die man auch gelegentlich im Gartenfachhandel erhält. Von Mitte Mai bis zum ersten Frost kann sie im Freien an einem möglichst sonnigen Platz stehen. Sie ist ideal für den Wintergarten geeignet und benötigt im Sommer und Winter eine gute Belüftung. Soll sie das ganze Jahr über im Haus stehen, muss man für einen ausreichenden Luftaustausch sorgen.

Loquats sind relativ empfindlich und können nicht über weitere Strecken transportiert werden. Typisch ist der vertrocknete Blütenkelch an der Frucht.

Während der Wachstumszeit, also etwa zwischen März und September, wird wöchentlich gedüngt und immer reichlich gewässert. Da die Pflanze sich von allein gut verzweigt, muss sie nicht geschnitten werden. Sie bevorzugt lehmige Erde, daher sollte bei größeren Pflanzen ein Substrat mit Tonanteil gewählt werden oder man mischt sich die Erde selber aus Garten- oder Komposterde und Torf (2:1) zusammen. Die Überwinterung erfolgt bei 5 bis 10 °C in einem sehr hellen Raum. Die Erde wird während des Winters mäßig feucht gehalten. Ältere Pflanzen vertragen leichten Frost und können sogar in milden Klimagebieten ins Freiland gesetzt werden. Gegen Krankheiten und Schädlinge sind sie sehr robust.

Bei guter Pflege kann man bei Kübelpflanzen oder solchen, die im Wintergarten ausgepflanzt werden, regelmäßig mit Blüten im Herbst und Früchten, die im darauf folgenden Sommer reifen, rechnen. Allerdings sind die hier herangereiften Früchte meistens für den Verzehr ungeeignet.

Loquats Schritt für Schritt vermehren

Im Innern der Frucht befinden sich in einem Kerngehäuse die zwei bis drei großen, dunkelbraunen Samen.

Um kleine Wollmispelpflänzchen selbst heranzuziehen, werden zunächst die Samen dem Kerngehäuse entnommen, mit lauwarmem Wasser gründlich gereinigt und dann abgetrocknet. Anschließend setzt man sie einzeln in vorbereitete Torftöpfchen oder Töpfe mit Anzuchterde und bedeckt sie etwa 1 cm dick mit Substrat. Die abgedeckte Anzuchtschale wird nun an einen warmen Ort gestellt. Für die erfolgreiche Keimung ist eine Temperatur von 20 bis 25 °C optimal. Es können allerdings ein bis zwei Monate vergehen, bis die Keimung erfolgt ist und die ersten Sämlinge erscheinen. Die jungen Pflänzchen werden nun hell gestellt, wobei die Temperatur nicht unter 20 °C fallen sollte.

Wenn das Torftöpfchen oder der Topf mit Anzuchterde gut durchwurzelt ist, wird das Pflänzchen in einen größeren Topf mit Blumenerde umgesetzt. Das Substrat muss immer gut feucht sein. Sobald die Pflanzen kräftig geworden sind, kann mit Düngergaben alle zwei Wochen begonnen werden. Alle zwei bis drei Jahre wird umgetopft.

Mango

Mangos besitzen eine glatte, wachsartige Schale, die je nach Sorte eine ganz unterschiedliche Farbe besitzen kann, sodass beispielsweise rote und grüne Früchte vollständig reif sein können.

Allgemeines: Der „Apfel der Tropen", wie die Mango (*Mangifera indica*) auch genannt wird, gehört zur Familie der Sumachgewächse (*Anacardiaceae*) und zählt zu den ältesten und wichtigsten Obstsorten der tropischen Länder. Die schnell wachsenden Bäume werden 20 bis 30 m hoch.

Herkunft: Die Mango wurde schon vor 4000 Jahren im früheren Burma und in Indien angebaut. Ab 500 vor Christus breitete sie sich weiter in Asien aus und gelangte im 16. und 17. Jahrhundert mit den Seefahrern auf die anderen Kontinente.

Blätter: Die bis zu 30 cm langen und 4 cm breiten Blätter sind lanzettlich und immergrün, im Jugendstadium zunächst rötlich. Beim Zerreiben duften die Blätter leicht nach Terpentin.

Blüten: Die nur wenige Millimeter großen Blüten sind gelblich oder rosa gefärbt. Sie bilden in Form von riesigen Gruppen große Blütenrispen, die an den Zweigenden stehen. Die Hauptblütezeit liegt in den Monaten Dezember bis März.

Früchte: Die leicht nierenförmigen Steinfrüchte werden bis zu 15 cm lang. Jede Frucht trägt in der Mitte einen großen, abgeflachten Samen, der von einer harten Schale umgeben ist. Das Fruchtfleisch wird zum Stein hin immer faseriger und lässt sich oft nur schwer von der Samenschale lösen. Die wachsartige, ungenießbare Schale ist je nach Sorte grün, gelb, rot oder mehrfarbig. Die Farbe ist kein Anzeichen für den Reifegrad. Unreife Früchte enthalten Terpentin, das mit zunehmender Reife abgebaut wird. Nur bei vollreifen Früchten ist von diesem Aroma nichts mehr zu spüren. Nicht vollreif geerntete Früchte, die bei uns erhältlich sind, kann man ein bis zwei Wochen im Kühlschrank aufbewahren, zum Einfrieren eignen sie sich nicht. Die reife Frucht gibt auf Druck nach. Das gelborangefarbene, pfirsichähnliche Fruchtfleisch ist sehr saftig.

Besonderheiten: Das Ziehen einer Mangopflanze aus einem Samen erfordert viel Geduld und Ausdauer. Um den Prozess zu beschleunigen, kann man aller-

Am Ende der Zweige der Mangobäume befinden sich die Blütenrispen, aus denen sich dann die reifen Früchte entwickeln.

dings versuchen, die harte Schale des Samenkerns längs an der Naht zu öffnen, um den Samen vorsichtig herauszulösen. Dazu braucht man jedoch viel Geschick und es funktioniert vielleicht nicht gleich beim ersten Mal. Denn wird der Samen verletzt, keimt er nicht und stirbt ab. Der unbeschädigte Samen wird in feuchtes Substrat, wie im Kasten rechts beschrieben, eingepflanzt. Mit Glück erfolgt dann die Keimung schon nach zwei bis drei Wochen. Es kann aber durchaus auch länger dauern.

Pflege: Mangopflanzen bleiben immer im Haus an einem hellen bis sonnigen Standort. Die optimale Temperatur liegt bei 24 bis 28 °C. Im Sommer düngt man alle ein bis zwei Wochen, im Winter nur alle ein bis zwei Monate. Älteren Pflanzen gönnt man im Herbst eine kurze Trockenperiode wie in der Natur. Im Winter sollte die Temperatur nicht unter 15 °C fallen, obwohl ältere Pflanzen kurzzeitig leichten Frost aushalten. Mit einer ersten Blüte ist frühestens nach vier Jahren zu rechnen.

Mangos Schritt für Schritt vermehren

Die Keimung der Samen kann bei Mangos sehr lange dauern. Die Blätter färben sich erst grün, wenn die Pflänzchen schon etwas größer sind.

Nachdem der harte Kern aus der Frucht genommen ist, wird der Stein am besten mit einer Bürste unter fließendem Wasser von dem restlichen Fruchtfleisch befreit. Er darf nicht beschädigt werden. Kommt man nicht gleich zum Einpflanzen, kann man ihn höchstens fünf Tage lang bei mindestens 20 °C wässern, wobei das Wasser täglich gewechselt wird. Er darf nicht austrocknen.

Der Kern wird nun senkrecht in einen Topf mit Anzuchterde, mit dem dünnen Ende nach oben, gesteckt, sodass etwa die Hälfte herausschaut. Dann umhüllt man das Ganze mit einer Plastiktüte und stellt den Topf warm (25 bis 28 °C). Die Erde muss immer gut feucht sein. Es kann Monate dauern, bis der Same keimt. Zunächst bilden sich die Wurzeln. Wenn schließlich der Spross erscheint, stellt man das Gefäß hell, warm und geschützt vor Zugluft und nimmt die Plastiktüte ab. Die Pflanze darf nicht zu dicht am Fenster stehen, da sie direkte Kälte nicht verträgt. Die jungen Blätter sind zunächst tiefrot und verfärben sich dann allmählich grün.

Melonen

Es werden sehr viele verschiedene Melonenarten angeboten, deren Samen sich alle für die Aussaat von neuen Pflanzen eignen.

Allgemeines: Alle Melonen gehören zur Familie der Kürbisgewächse (*Cucurbitaceae*). Es handelt sich um einjährige Rankpflanzen, die in der Regel ein mildes Klima benötigen und bei uns meistens unter Glas angebaut werden. Nur wenige Sorten gedeihen auch in milden Regionen im Freiland.

Herkunft: Die Heimat der Zuckermelone (*Cucumis melo*) liegt im südlichen Asien. Die auch als Honigmelone bezeichnete Art kommt in vielen Varianten, die sich in Aussehen, Farbe und Aroma unterscheiden, auf den Markt. Die Netzmelone ist bräunlich grau gefärbt, wobei sich die Schale durch ein dichtes Netz auszeichnet. Die Kantalupmelone ist gerillt und warzig. Die Ananasmelone hat eine glatte Schale und ist saftig-süß mit einem leichten Honigaroma. Die Wassermelone (*Citrullus lanatus*) stammt aus den tropischen und subtropischen Steppen Afrikas. Schon seit Jahrtausenden werden diese Melonen im Mittelmeerraum und im Orient kultiviert. Heute werden sie in allen warmen Ländern der Erde angebaut.

Blätter: Die wechselständigen Blätter können je nach Sorte sehr unterschiedlich aussehen. Bei Zuckermelonen werden sie 8 bis 18 cm lang, bei Wassermelonen können sie sogar bis zu 25 cm lang und 15 cm breit werden. Sie sind alle meist tief gelappt und besitzen lange Stiele. Die Früchte sollten erst geerntet werden, wenn sie sich leicht vom Stiel lösen lassen.

Blüten: Bei Zuckermelonen sind die kleinen, gelben Blüten eingeschlechtlich und können sich nur einmal am Vormittag öffnen, um dann von Insekten bestäubt zu werden. Bei Wassermelonen gibt es männliche und weibliche Blüten an einer Pflanze, die allerdings zu unterschiedlichen Zeiten blühen, um eine Selbstbefruchtung zu vermeiden. Sie sind bis zu 6 cm breit und gelb gefärbt.

Früchte: Die Beerenfrüchte können bis zu mehrere Kilogramm schwer werden und haben meist eine kugelige oder ovale Form. Die Schale der Zuckermelonen ist glatt, rau, warzig, gerippt oder gefurcht und kann einfarbig oder gemustert sein. Grün- und Gelb-

Honigmelonen beeindrucken uns mit ihren wunderschönen, gelben Blüten. Hier eine typische weibliche Blüte, die nur einzeln erscheint.

töne herrschen vor. Die Samen befinden sich in großer Zahl in einer Höhlung im Zentrum der Frucht. Im Gegensatz dazu sind die Samen bei der Wassermelone in der ganzen Frucht verteilt, was den Verzehr manchmal etwas mühsam macht. Das rosafarbene bis rote Fruchtfleisch besteht zu 95 % aus Wasser. Die Früchte können bis zu 15 kg schwer werden. Die glatte Schale ist einfarbig grün oder grün gestreift.

Besonderheiten: Außer den erwähnten Melonenarten gibt es immer wieder neue Züchtungen und Kreuzungen. Die Ogenmelone ist eine Kreuzung aus Netzmelone und Kantalupmelone und besitzt eine gelbe Schale mit grünen, längs verlaufenden Streifen. Die gelbbraune Schale der Galeamelone ist netzartig strukturiert. Das Fruchtfleisch ist grün bis weißlich. Immer häufiger angeboten wird die Kiwano. Die bräunliche oder orangerote Schale ist mit harten, spitzen Pickeln besetzt. In dem schleimigen, meist grünlichen Fruchtfleisch sind zahlreiche Kerne gleichmäßig eingebettet.

Melonen schnell vermehren

Die Kiwano ist heute häufig erhältlich und besitzt eine Vielzahl an Samen, die für die Aussaat geeignet sind.

Die Samen sollten möglichst nur vollreifen Früchten entnommen werden. Sie sind gründlich zu reinigen und können im getrockneten Zustand luftdicht verpackt, sechs bis zwölf Monate gelagert werden, ohne ihre Keimfähigkeit zu verlieren. Man kann sie aber auch sofort aussäen. Je nach Größe setzt man fünf bis zehn Stück in ein Torftöpfchen oder in kleine Töpfe mit Anzuchterde. Bei mindestens 20 °C keimen die Samen nach acht bis vierzehn Tagen, wobei die Erde immer gut feucht sein muss. Die Sämlinge müssen sofort sehr hell gestellt werden, da sie sonst zu lang werden. Von den stärksten Pflanzen werden nun je ein bis zwei in ein Töpfchen pikiert.

Die Rankpflanzen wachsen sehr schnell und sollten daher an einem Spalier oder einer anderen Stütze gezogen werden. Im Sommer können sie auch draußen an einen warmen Platz oder ins Gewächshaus gestellt werden. Eine Temperatur von 18 bis 21 °C reicht ihnen aus. Die Pflanzen haben einen hohen Nährstoffbedarf und müssen daher alle zwei Wochen gedüngt werden.

Olive

Im Mittelmeerraum stellen Olivenbäume einen wichtigen Wirtschaftsfaktor dar und können über Jahrhunderte entsprechende Mengen an Früchten und Olivenöl liefern.

Allgemeines: Der Olivenbaum (*Olea europaea*) zählt zur Familie der Ölbaumgewächse (*Oleceae*). Er ist ein immergrüner Baum, der bis zu 20 m hoch und über 1000 Jahre alt werden kann. Als subtropisches Hartlaubgewächs ist er nur bedingt winterhart, verträgt dafür aber Hitze und Trockenheit gut.

Blätter: Die ledrigen Blätter sind oberseits graugrün, die Unterseite ist silbrig-grün gefärbt und mit schuppenartigen Härchen besetzt.

Blüten: Die winzigen, weißlichen oder gelblichen Blüten erscheinen im Frühjahr. Von hundert Blüten bilden nur ein bis fünf später Früchte.

Früchte: Im unreifen Zustand sind die Oliven grün. Erst mit zunehmender Reife beginnen sie sich rötlich zu verfärben und nehmen schließlich eine mehr oder weniger dunkelviolette oder blauschwarze Farbe an.

Pflege: Ein Olivenbaum benötigt das ganze Jahr über einen hellen und sonnigen Platz. Nach den letzten Frösten stellt man den Olivenbaum am besten nach draußen an einen sonnigen Standort. Er wird auch als Kübelpflanze nur mäßig gegossen. Das Substrat darf leicht feucht sein, aber auf keinen Fall durchnässt. Zwischendurch kann der Erdballen ruhig einmal trocken werden. Während der Wachstumsphase reicht eine Gabe von Flüssigdünger alle zwei bis drei Wochen aus. Ab August werden die Düngegaben allmählich reduziert und bis zum Winter ganz eingestellt. Im Winter benötigt der Olivenbaum einen hellen, frostfreien Platz. Die ideale Temperatur liegt um die 10 °C. Auch das Gießen wird jetzt noch mehr reduziert. In Gegenden mit mildem Klima können größere Olivenbäume den Winter auch draußen überstehen. Bis –10 °C tragen die meisten Bäume keinen Schaden davon. Allerdings sollte man die Wurzeln besonders vor Frost schützen, indem man den Kübel beispielsweise in eine große Kiste stellt, die mit Zeitungspapier oder Laub aufgefüllt wird. Ein Umtopfen alle zwei bis drei Jahre reicht meistens aus. Als Substrat verwendet man mit Torf oder Kompost verbesserte Gartenerde. Ein zu hoher Nährstoffgehalt ist zu vermeiden.

Die unscheinbaren Olivenblüten sind in großen Rispen angeordnet, aber nur ein kleiner Teil davon bringt die entsprechenden Früchte hervor.

Typisch für den reifen Zustand der Früchte ist die blauschwarze oder violette Färbung. Der Fruchtansatz erfolgt im Mai oder Juni.

Auch wenn viele der bei uns erhältlichen Oliven mit Kern angeboten werden, sind sie dennoch nicht für die Anzucht geeignet, da alle Früchte durch verschiedene Methoden haltbar gemacht wurden und dadurch der Samen natürlich seine Keimfähigkeit verloren hat. Daher kann man nur Olivenbäumchen aus Samen ziehen, wenn einem frische, unbehandelte Oliven zur Verfügung stehen, denen man die Samen entnehmen kann, oder wenn man direkt beim Samenhändler das Saatgut bestellt.
Zum Aussäen muss der Same gründlich von dem Fruchtfleisch befreit werden. Die Samen werden einzeln in kleine Töpfe mit lockerer, nährstoffarmer Anzuchterde oder in spezielle Torfquelltöpfchen gesetzt. Wichtig ist eine möglichst keimfreie Erde und ein pH-Wert, der nicht über 7 liegt. Die Samen werden 0,5 bis 1 cm dick mit Erde bedeckt. Um die Keimung zu beschleunigen, können die Samen vorsichtig an der Seite angeritzt oder angefeilt werden. Die Temperatur sollte auf alle Fälle über 20 °C, besser um die 25 °C betragen.

Das Substrat muss zwar immer leicht feucht sein, es darf aber auf keinen Fall Staunässe entstehen, da sonst die empfindlichen Wurzeln faulen.
Die Sämlinge sollten möglichst hell stehen, weil sie sonst vergeilen, das heißt, die Triebe werden aufgrund von Lichtmangel zu lang und dünn. In den ersten Monaten muss überhaupt nicht gedüngt werden. Erst nach zwei bis drei Monaten wird sparsam mit Flüssigdünger gedüngt und zwar nur etwa mit einem Viertel der Menge, die bei normaler Dosierung empfohlen wird. Junge Olivenbäumchen stellt man am besten nach draußen, zunächst an einen halbschattigen Ort und gewöhnt sie allmählich an die Sonne, bis sie auf Dauer in der prallen Sonne stehen können. Umgetopft werden muss erst, wenn die Erde gut durchwurzelt ist. Dabei sollte man die Pflanzen einfach mitsamt dem Erdballen in einen größeren Topf setzen, der schon etwas Erde enthält, und an den Seiten mit Substrat auffüllen, damit die Wurzeln möglichst wenig in Mitleidenschaft gezogen werden.

Papaya

Die Papaya gehört zu den hoch werdenden Stauden, deren Stamm nicht verholzt und bei denen die Blätter nur im oberen Bereich erhalten bleiben.

Allgemeines: Die Papaya (*Carica papaya*) gehört zur Familie der Melonenbaumgewächse (*Caricaceae*) und wird daher auch Baummelone genannt, obwohl sie mit echten Melonen nicht verwandt ist. Die Pflanzen sind keine Bäume, sondern 6 bis 7 m hoch werdende Stauden, deren hohler Stamm nicht verholzt, sondern aus fleischigem Gewebe besteht.

Herkunft: Die Papaya stammt ursprünglich aus dem südlichen Mittelamerika. Dort und in Brasilien wurde sie schon lange vor der kolumbianischen Zeit kultiviert. Über die Entstehung und die Wildform ist nichts bekannt. Gegen Ende des 18. Jahrhunderts brachten die Portugiesen die Baummelone in die Alte Welt. Heute wird die Papaya in fast allen tropischen und subtropischen Ländern zwischen dem 32. nördlichen und südlichen Breitengrad angebaut.

Blätter: Die tief gelappten Blätter werden bis zu 60 cm lang und befinden sich nur am oberen Stammende. Die unteren Blätter sterben laufend ab.

Blüten: Frühestens fünf Monate nach der Keimung erscheinen cremegelbe Blüten. Sie sind entweder männlich, weiblich oder zwittrig. Um mit Sicherheit Früchte an den Pflanzen zu erhalten, sollten immer mehrere Stauden zusammenstehen, sodass die Befruchtung der Blüten auch gewährleistet ist.

Früchte: Die bei uns in den Handel kommenden Früchte wiegen bis zu 1 kg, obwohl es auch wesentlich größere Sorten gibt. Die ungenießbare Schale der Beerenfrüchte ist zunächst grün und färbt sich mit zunehmender Reife gelb bis orangerot. Das orangegelbe Fruchtfleisch ist weich und säurearm. In einer Höhle im Innern der Frucht befinden sich die zahlreichen schwarzen, wie Pfefferkörner aussehende Samen. Noch grüne Papayas reifen innerhalb weniger Tage bei Zimmertemperatur nach. Während des Nachreifeprozesses sollten sie nicht dem Sonnenlicht ausgesetzt werden. Die Früchte sind reif, wenn ihre Schale fast gelb ist und sich die Früchte leicht weich anfühlen. Man kann sie dann noch gut zwei Wochen im Kühlschrank aufbewahren.

In der Nähe des Stammes entstehen cremegelbe Blüten. Sie können weiblich, männlich oder auch zwittrig sein.

Besonderheiten: Sowohl die Früchte als auch die Blätter der Papaya enthalten das Enzym Papain, das die Fleischverdauung erleichtert. Ein durch Trocknen des papainhaltigen Saftes gewonnenes Pulver wird als Fleischzartmacher und auch als Medikament bei Erkrankungen der Verdauungsorgane verwendet. Das Fruchtfleisch direkt auf die Haut gelegt, hilft gegen Falten und unreine Haut. Der Saft grüner Papayas und die Blätter fördern die Wundheilung und lindern verschiedene Hautkrankheiten.

Pflege: Die Papaya liebt es immer warm und sonnig. Die Töpfe müssen gut drainiert sein, da die Pflanze viel Wasser benötigt, aber bei Staunässe sofort Schaden nimmt. Alle zwei bis vier Wochen wird kräftig gedüngt, im Winter etwas weniger. Beim jährlichen Umtopfen muss man sehr vorsichtig vorgehen, damit der Wurzelballen nicht geschädigt wird. Die Pflanze muss immer genauso tief eingesetzt werden wie zuvor. Im Sommer darf die Temperatur ruhig auf 30 °C ansteigen, im Winter sollte sie zwischen 13 und 18 °C liegen.

Papayas vermehren

In den ersten Monaten brauchen die Keimlinge der Papaya viel Wärme und hohe Luftfeuchtigkeit. Ab 15 cm Größe können sie einen Sonnenplatz erhalten.

An der Wand der Fruchthöhle hängen zahlreiche, pfefferkorngroße und schwarzgraue Samen, die nicht mitgegessen werden. Sie sind für die Aussaat zunächst gründlich zu waschen. Die anhaftende schleimige, gelatineähnliche Substanz muss vollständig entfernt werden, da sie keimhemmend wirkt. Hierfür reibt man die Samen am besten mit Küchenkrepp ab. Dann sät man sofort aus. Da die Keimlinge kein Pikieren vertragen, werden nur ein oder wenige Samen in ein Torftöpfchen gesät.

Die abgedeckte Anzuchtschale stellt man warm (bei 27 °C). Nach 10 bis 15 Tagen erfolgt die Keimung. Sobald die ersten Blätter erschienen sind, setzt man das ganze Torftöpfchen vorsichtig in einen Topf mit nährstoffreicher Blumenerde. In den ersten Monaten sollte das Pflänzchen hell, aber nicht in der prallen Sonne stehen. Es braucht noch viel Wärme und hohe Luftfeuchtigkeit. Die Pflanze wächst recht schnell. Hat die Jungpflanze die kritische Größe von 15 cm überschritten, ist sie nicht mehr so empfindlich und kann einen Sonnenplatz erhalten.

Passionsfrucht

Größe, Form und Aufbau der Blüten sind bei allen Passionsblumenarten vergleichbar und charakteristisch für die mehrjährigen Kletterpflanzen, die teilweise auch bei uns draußen gedeihen.

Allgemeines: Diese Pflanzengattung (*Passiflora* spec.) gehört zur Familie der Passionsblumengewächse (*Passifloraceae*). Es gibt um die 400 Arten, die sich in Größe und Färbung der Blüten und Früchte sowie in der Form der Blätter unterscheiden.

Herkunft: Passionsblumen stammen ursprünglich aus dem tropischen Amerika, wo heute noch die meisten der etwa 400 Arten zu finden sind. Aber auch in vielen anderen tropischen Ländern werden die mehrjährigen Kletterpflanzen kultiviert, wo sie oft meterhoch Mauern, Zäune oder andere Pflanzen überwuchern.

Früchte: Die kugeligen Beerenfrüchte, die auch als Maracujas oder Grenadillas bezeichnet werden, haben eine zäh-ledrige oder wachsartige Schale, die je nach Sorte dunkelviolett, grünlich, orangefarben oder bräunlich gelb gefärbt sein kann. Am häufigsten angeboten werden die kleineren Früchte mit der dunklen Schale, die bei Vollreife beginnt schrumpelig zu werden. Diese Früchte besitzen das intensivste Aroma. Hunderte von Samen sind in das schleimige, grünliche oder gelbliche Fruchtfleisch, das so genannte Saftbläschengewebe, eingebettet.

Besonderheiten: Der Name dieser Pflanzengruppe rührt daher, dass man in dem ungewöhnlichen Aufbau der Blüte die Symbole für die Kreuzigung Christi zu erkennen glaubte. Die fünf Kelch- und die fünf Blütenblätter der 5 bis 8 cm großen Blüten, sollen die zehn Apostel ohne Petrus und Judas verkörpern. Die Korona, ein Auswuchs des verbreiterten Blütenbodens, stellt die Dornenkrone dar. Die fünf Staubbeutel sollen die Wunden und die Griffel die Hämmer, mit denen die drei Nägel eingeschlagen wurden, symbolisieren.

Es gibt zwei besonders zu erwähnende *Passiflora*-Arten, die bei uns erhältlich sind und aus deren Samen man leicht Pflanzen ziehen kann: Zum einen die **Purpur-Grenadille (*Passiflora edulis*):** Die Purpur-Grenadille besitzt die typischen dreilappig geformten Blätter, wie sie von vielen Zierpflanzen aus der Gruppe *Passifloraceae* bekannt sind. Die Früchte sind eiförmig und werden etwa 7 cm groß. Im reifen Zustand sind

Die Farbe und Struktur der Fruchtschale können bei verschiedenen Passionsblumenarten sehr unterschiedlich sein.

sie dunkelviolett bis braun gefärbt. Bei sehr reifen Früchten oder nach der Ernte schrumpft die Schale allmählich zusammen. In diesem Zustand findet man die Früchte meistens in der Obstabteilung. Dennoch sind sie dann noch wochenlang haltbar und saftig. Die zweite Art ist die **Süße Grenadille (*Passiflora ligularis*):** Ihre Blätter sind nicht gelappt, sondern herzförmig und können 12 bis 15 cm lang werden. Die Früchte sind größer als bei der Purpur-Grenadille und haben eine dicke, harte Schale, die auch nach der Ernte glatt und fest bleibt. Geschmacklich sollen es die besten Früchte aller *Passiflora*-Arten sein. Die Schale ist orange oder orangebraun gefärbt.

Pflege: Passionsblumen sind mehrjährige Kletterpflanzen, aber nicht frostresistent. Sie wachsen sehr schnell und umranken alles, was ihnen in den Weg kommt. Man kann sie im Frühjahr aber bis auf etwa 30 cm zurückschneiden. Größere Pflanzen brauchen nur alle vier Wochen gedüngt zu werden. Bilden sie Blüten, empfiehlt sich wieder eine 14-tägige Düngung.

Passionsfrüchte vermehren

*Aus den Samen der Süßen Grenadille (*Passiflora ligularis*) lassen sich am besten neue Pflanzen durch Aussaat gewinnen.*

Die Samen werden mit warmem Wasser abgewaschen und durch Abreiben mit Küchenkrepp von dem geleeartigen Gewebe befreit. Man kann sie sofort aussäen oder getrocknet aufbewahren. Sie behalten ihre Keimfähigkeit etwa acht Monate lang. Sie dürfen aber nicht in der Sonne trocknen. Je vier bis sechs Stück werden in Torftöpfchen oder Töpfe mit Anzuchterde gesät und 0,5 cm dick mit Substrat bedeckt. Die Anzuchtschalen stellt man warm (20 bis 23 °C). Das Substrat muss immer gut feucht sein. Nach zwei bis drei Wochen erscheinen die Sämlinge, von denen pro Töpfchen nur der kräftigste belassen wird. Man stellt sie nun an ein helles Fenster und gießt reichlich.
Da die Pflänzchen schnell wachsen, ist der Ballen auch bald gut durchwurzelt, sodass sie in Blumenerde umgetopft werden können. Möglichst früh sollte man ihnen einen Holzstab oder ein kleines Spalier als Stütze geben, an dem sie sich hochranken können. Die Jungpflanzen brauchen viel Licht und Wasser und müssen alle zwei Wochen gedüngt werden. Ein Fensterplatz das ganze Jahr über ist ideal.

Pinie

In den relativ großen Zapfen der Pinien befinden sich dunkelbraune, hartschalige Nüsse, in deren Innern sich die weißen, etwa 2 cm langen und für den Verzehr geeigneten Kerne befinden.

Allgemeines: Die bis zu 30 m hoch werdende Pinie (*Pinus pinea*) gehört zur Familie der Kieferngewächse (*Pinaceae*) und ist somit eine der wenigen Nadelbäume, die man aus essbaren Samen ziehen kann. Die Pinie gilt als ein Baum der immergrünen Hartlaubvegetation mit milden Wintern und trockenen, warmen Sommern. Sie wächst auch auf nährstoffarmen Böden und reagiert unempfindlich auf Dürren.

Herkunft: Zur Gattung *Pinus* zählen etwa 80 Arten. Die meisten Pinienarten stammen aus Nordamerika und Asien. Die Pinie kommt vorwiegend im Mittelmeerraum vor, in manchen Gegenden, wie zum Beispiel Oberitalien, sogar bis zum Alpenrand. Mit ihrer ausladenden, flachen, schirmartigen Krone ist sie ein Wahrzeichen der italienischen Landschaft. Sie wird häufig kultiviert und ist dann entlang von Straßen, an Plätzen, in Gärten und Parkanlagen zu sehen. Sie gedeiht nur in frostfreien Gegenden mit mildem Seeklima. Da sie aber nicht winterhart ist, konnte sie sich in Mitteleuropa nicht ausbreiten. Auf den Britischen Inseln, die einen milden Winter haben, konnte sich diese Pinienart jedoch halten.

Blätter: Für ältere Bäume sind die schirmförmige Krone und die in Zweiergruppen stehenden langen Nadeln charakteristisch. Die Nadeln werden 10 bis 18 cm lang und sind hell- bis dunkelgrün gefärbt.

Blüten: Die männlichen Blüten sind 1 bis 1,5 cm lang, gelb gefärbt und sitzen am Grunde der Langtriebe. Die weiblichen Blütenzapfen werden ebenso lang, sind aber endständig und aufrecht.

Früchte: Die Zapfen werden 10 bis 15 cm lang und 8 bis 10 cm breit und gelangen nur selten bei uns in den Handel. Sie benötigen drei Jahre bis zur Reife und öffnen sich erst im vierten Jahr. Oft erhält man aber nicht den ganzen Zapfen, sondern einzelne Piniennüsse, die auch gelegentlich fälschlich als Zirbelnüsse bezeichnet werden. Im Innern der hartschaligen, dunkelbraunen Nüsse befinden sich die mandelähnlichen, weißen, etwa 2 cm langen Kerne, die roh verzehrt werden.

Die Pinie kommt vorwiegend im Mittelmeerraum vor. Da sie nicht frostresistent ist, eignet sie sich bei uns gut für Wintergärten oder Gewächshäuser.

Besonderheiten: Wegen ihres hohen Fettgehaltes von 60 % werden Pinienkerne schnell ranzig und müssen daher in kurzer Zeit verbraucht werden. Da die Reifezeit so lang ist, sind Pinienzapfen relativ teuer.

Pflege: Die Pinie benötigt im Sommer einen hellen, warmen (20 bis 25 °C) Standort. Im Winter darf die Temperatur auf 10 bis 15 °C absinken. Der immergrüne Baum braucht auch im Winter ausreichend Helligkeit. Ältere Pflanzen kann man in den Garten pflanzen, sie dürfen aber keinem Frost ausgesetzt sein. Ideal ist ein Standort in einem Wintergarten oder Gewächshaus. In Mitteleuropa sind diese Bäume in der Regel nicht winterhart.

Viele verholzende Bäume oder Sträucher werden häufig zum Verjüngen oder Auslichten geschnitten. Bei den Nadelhölzern, so auch bei der Pinie, ist das in der Regel nicht notwendig. Nur wenn der Nadelbaum Frostschäden erlitten hat oder beim Wachstum eine ungünstige Form entstanden ist, kann man auch bei ihm einen Schnitt durchführen.

Pinien durch Aussaat selbst vermehren

Die kleinen Pinienpflanzen sind sehr empfindlich. Für eine erfolgreiche Anzucht muss man sie vor Zugluft und Temperaturschwankungen schützen.

Die Früchte der Pinie sind als Pinienkerne im Handel und werden schon verzehrfertig angeboten. Zur Aussaat sollte man jedoch einen ganzen Pinienzapfen, der handtellergroß werden kann, kaufen, aus dem man dann die noch von der harten Schale umgebenen so genannten „Piniennüsse" herauslösen kann.

Dann setzt man die Samen einzeln in Torftöpfchen und bedeckt sie etwa 1 cm dick mit Substrat. Die Keimtemperatur sollte bei 20 bis 25 °C liegen. Das Substrat darf nicht austrocknen. Schon nach ein bis zwei Wochen keimen die Samen. Man stellt die Sämlinge nun hell, aber nicht in die direkte Sonne und hält die Erde gut feucht.

Die kleinen Pflänzchen sind recht empfindlich und sollten daher vor Zugluft, unnötiger Bewegung und Temperaturschwankungen geschützt werden. Sie wachsen sehr langsam. Erst wenn der kleine Torfballen durchwurzelt ist, pflanzt man in Blumenerde um. Einmal monatlich wird mäßig gedüngt.

Tamarillo oder Baumtomate

Die Tamarillos erscheinen in der Regel gruppenweise an langen Stielen. Die glatte Schale dieser Früchten wird nicht mitverzehrt.

Allgemeines: Die Tamarillo (*Cyphomandra betacea*) gehört wie die Tomate zu den Nachtschattengewächsen (*Solanaceae*). Sie ist aber keine einjährige, krautige Pflanze, sondern ein 3 bis 4 m groß werdender Strauch mit kurzem Stamm und dicken, weichen Ästen, die erst im Laufe der Jahre immer stärker verholzen. Die Tamarillo wächst am besten in kühl gemäßigtem Klima ohne stärkere Fröste. In den Anden kommt sie sogar zwischen 1000 und 2500 m Höhe vor. Dort wird ein spezielles Getränk aus ihnen zubereitet.

Herkunft: Die Baumtomate stammt ursprünglich aus Südamerika und zwar aus den Ländern Ecuador, Bolivien und Peru. Schon im 19. Jahrhundert wurde sie nach Afrika und Asien gebracht und ist dort teilweise sogar verwildert. Heute wird sie auch in Afrika und Neuseeland angebaut.

Blätter: Die herzförmigen oder eiförmigen Blätter sind wechselständig. Sie werden 15 bis 30 cm lang, bis zu 12 cm breit und sind in der Regel fein behaart. Sie riechen leicht nach Moschus.

Blüten: Die Blüten erscheinen in kleinen Trauben an den Zweigenden. Sie sind weiß, rosafarben oder hellblau mit gelben Staubblättern und duften intensiv.

Früchte: Die eiförmigen Beerenfrüchte werden 8 bis 10 cm lang und hängen zu mehreren an einem langen Stiel. Die glatte Schale ist im reifen Zustand je nach Sorte gelb, orange, rot oder dunkelpurpurfarben. Die Schale wird nicht mitgegessen. Um die ledrige Außenhaut zu entfernen, kann man die Früchte mit kochendem Wasser übergießen. Nach wenigen Minuten lässt sich dann die Haut abziehen. Das rote Fruchtfleisch erinnert im Geschmack etwas an Tomaten, ist aber süßer.

Die Früchte werden unreif geerntet und reifen auf dem Transport nach. Sie haben die richtige Genussreife, wenn sie bei leichtem Druck nachgeben. Sie müssen unbedingt im Kühlschrank aufbewahrt werden, sonst verderben sie schnell. Vom Aroma her gelten die Früchte mit einer gelben Schale als die schmackhaftesten.

Ab dem dritten Jahr kann man bei den Sträuchern mit der Bildung der kleinen Blüten und tomatenartigen Früchte rechnen.

Besonderheiten: Die Früchte können ganz unterschiedlich genutzt werden. So werden sie halbiert und mit Zucker bestreut ausgelöffelt. Man kann sie auch würzen und dann als Gemüse grillen. Zusammen mit Äpfeln, Zwiebeln und speziellen Gewürzen lassen sich mit ihnen Chutneys zubereiten. Sowohl für Süßspeisen als auch würzige Eintöpfe oder andere Gerichte eignen sich Tamarillos sehr gut.

Pflege: Im Sommer kann man die Pflanzen nach draußen an einen sonnigen Platz stellen. Überwintert werden sie im Haus bei 10 bis 15 °C. Dann wird nur wenig gegossen und nicht gedüngt, da die Pflanzen sonst schnell faulen könnten. Im Frühjahr gewöhnt man die Pflanzen an einem geschützten, beschatteten Ort erst allmählich wieder an die Freilandbedingungen. Die Pflanzen vertragen leichten Frost, werfen dann aber alle Blätter ab. Ab dem dritten Jahr kann man mit einer Blüte und eventuell sogar mit einem Fruchtansatz rechnen. Sollte der Strauch zu groß werden, kann er zurückgeschnitten werden.

Baumtomaten vermehren

Die zahlreichen, weichen Samen sind im geleeartigen, roten Fruchtfleisch kreisförmig angeordnet. Aus ihnen kann man leicht kleine Pflänzchen ziehen.

Die Samen werden mit warmem Wasser gründlich gesäubert, anschließend in Torftöpfchen oder Töpfe mit Anzuchterde gesetzt und nur leicht mit Substrat bedeckt. Die Keimtemperatur sollte bei 20 bis 25 °C liegen. Das Substrat muss immer gut feucht sein. Schon nach wenigen Tagen können die ersten Sämlinge erscheinen. Man stellt sie hell und setzt sie in Töpfe mit Blumenerde um, wenn sich die ersten Laubblätter gebildet haben. Die Blättchen sehen zunächst blass und gelblich verwaschen aus. Nach etwa einem halben Jahr haben sich kräftige, dunkelgrüne, handtellergroße Blätter entwickelt. Die Pflanzen werden einmal wöchentlich gedüngt, um das schnelle Wachstum zu unterstützen. Sie brauchen immer viel Sonne und Wasser. Die Erde darf nicht austrocknen.

Zitrusfrüchte und Kumquat

Zitruspflanzen sind als Kübel- oder Topfpflanzen erhältlich und können in den Sommermonaten sogar auf dem Balkon oder der Terrasse gepflegt werden.

Zitrusfrüchte (*Citrus* spec.)

Allgemeines: Es gibt ungefähr 60 verschiedene *Citrus*-Arten. Sie gehören zur Familie der Rautengewächse (*Rutaceae*). Aus den aromatisch duftenden, weißlichen Blüten entwickeln sich Beerenfrüchte mit einer wachsartigen Schale, die zahlreiche mit ätherischen Ölen gefüllte Drüsenzellen besitzt.

Herkunft: Die ursprüngliche Heimat der Zitrusgewächse liegt in Südostasien. Heute werden die verschiedenen Arten mit ihren zahlreichen Sorten weltweit zwischen dem 40. Breitengrad nördlicher und südlicher Breite angebaut.

Besonderheiten: Bei Zitruspflanzen, am häufigsten bei Zitronen und Orangen, können sich aus einem Samen zwei oder drei Pflänzchen entwickeln. Wenn sie blühen und Früchte bilden, wird man feststellen, dass ein Exemplar Früchte von gleicher Größe und Qualität wie die Mutterpflanze hervorbringt, wogegen die anderen keine oder minderwertige Früchte bilden (Polyembryonie).

Pflege: Zitruspflanzen gehören zu den wenigen exotischen Arten, die auch schon als große Kübel- oder Topfpflanzen im Fachhandel angeboten werden. Bei diesen Exemplaren kann man bei richtiger Pflege regelmäßig mit einer Blüte und auch mit einer Ernte rechnen. Ob gekauft oder selbst gezogen, die Pflege der großen Pflanzen ist gleich. Sie können im Sommer auf den Balkon oder die Terrasse gestellt werden. Überwintert werden sie am besten hell bei 5 bis 10 °C. Die Erde wird während dieser Zeit nur leicht feucht gehalten. Bei manchen Arten sollte auch im Winter die Temperatur nicht unter 15 °C (Grapefruit) bzw. 18 °C (Limette) fallen. Orangen halten Temperaturen bis 7 °C aus. Alle Zitruspflanzen dürfen auf keinen Fall Frost ausgesetzt werden. Optimale Standorte für Zitruspflanzen sind Gewächshäuser und Wintergärten. Die Pflanzen können das ganze Jahr über blühen und Früchte ausbilden. Während der Entwicklung und Reifezeit der Früchte braucht die Pflanze mindestens vier bis sechs Stunden Sonne täglich.

Die bei uns erhältlichen Grapefruits enthalten meistens eine Reihe von Samen und sind daher für die Aussaat gut geeignet.

Da Zitruspflanzen das ganze Jahr über blühen und Früchte bilden können, treten häufig, wie bei dieser Orange, Blüten und Früchte gleichzeitig auf.

Grapefruit (*Citrus paradisi*)

Die Grapefruit zählt zu den jüngsten der heute bekannten Zitrusarten. 1750 trat sie erstmalig in Puerto Rico auf. Erst 1840 erhielt sie ihren Namen. 1910 kam sie nach Europa. Heute wird sie weltweit angebaut. Die Bäume werden bis zu 10 m hoch. Die ledrigen Blätter sind oberseits dunkelgrün und am Rande meist fein gezähnt. Die wenigen Blüten sind in Gruppen angeordnet. Sie besitzen vier weiße Blütenblätter und werden 3 bis 5 cm groß. Die kugeligen oder leicht abgeflachten Früchte haben eine gelbliche Schale. Das Fruchtfleisch kann blassgelb, rosafarben oder rot sein und ist meistens sehr saftig. In der Mitte sind in der Regel einige Samen enthalten. Eine Polyembryonie tritt bei der Vermehrung nicht auf.

Manchmal wird diese Frucht noch fälschlicherweise als Pampelmuse bezeichnet, obwohl es sich hierbei um die Art *Citrus maxima* handelt, die bis zu 25 cm große, dickschalige Früchte hervorbringt, deren Fruchtfleisch trockener ist als das der Grapefruit.

Orange (*Citrus sinensis*)

Die Orange, auch Apfelsine genannt, war ursprünglich in Vietnam und China beheimatet. In China soll sie schon im zweiten Jahrtausend vor Christus kultiviert worden sein. Im 15. Jahrhundert gelangte sie schließlich nach Europa. Im 18. Jahrhundert galt die Zucht von Orangenbäumen als ein Statussymbol. Die speziell dafür errichteten Gewächshäuser nannte man deshalb Orangerien. Heute erstrecken sich die Anbaugebiete bis zum 35. oder 40. Breitengrad beiderseits des Äquators. Orangenpflanzen können noch bei Temperaturen von 8 bis 10 °C Blüten und Früchte hervorbringen, wobei die Reifezeit aber sehr lang ist. Normalerweise brauchen Orangen neun bis zwölf Monate zum Reifen.

Die Bäume können 5 bis 10 m hoch werden und besitzen nur wenige oder gar keine Dornen. Die stark duftenden, weißen Blüten mit den fünf Blütenblättern werden etwa 3 cm lang. Im Alter von sechs bis acht Jahren kann ein Baum erstmalig Früchte tragen. Sie erreichen dann eine Größe von 7 bis 10 cm.

Mandarinenbäumchen sind bei uns sehr beliebt und werden häufig als Kübelpflanzen im Fachhandel angeboten.

Typisch für Zitronen sind die gelbe Schale und das zugespitzte Ende. Das Fruchtfleisch enthält häufig Samen, die zur Aussaat geeignet sind.

Mandarine (*Citrus reticulata*)

Die Mandarine stammt vermutlich ursprünglich aus dem Grenzgebiet zwischen Indien und China. Erstmals wird sie in Schriften aus dem 12. Jahrhundert erwähnt. Auch aus Japan sind frühe Berichte über die Mandarine bekannt. Sie ist dort heute noch die am meisten angebaute Zitrusfrucht. Erst Anfang des 19. Jahrhunderts erreichten die Mandarinenbäume den Mittelmeerraum. Etwa um 1850 entstanden die ersten Plantagen in Italien und Südfrankreich. In der Weltproduktion steht mit Abstand China an erster Stelle

Die meist mit Dornen bewehrten Bäume werden 5 bis 7 m hoch. Die ledrigen, lanzettlichen Blätter haben einen deutlich geflügelten Blattstiel und sind am Rand fein gezähnt. Die weißen Blüten stehen einzeln oder in kleinen Gruppen in den Achseln der Blätter. Die Früchte haben die Form einer leicht abgeflachten Kugel und sind meistens leuchtend orange, selten grün gefärbt. Wichtiges Merkmal ist die leichte Ablösbarkeit der Schale.

Zitrone (*Citrus limon*)

Die Zitrone stammt vermutlich aus dem östlichen Himalajagebiet und wird seit etwa 700 nach Christus kultiviert. Spätestens im Mittelalter gelangte sie mit Seefahrern von Indien nach Europa. 1493 wurde sie von Kolumbus, wie viele andere Zitrusarten, nach Amerika gebracht.

Zitronenbäume werden 6 bis 8 m hoch, sind mit spitzen Dornen bewehrt und immergrün. Bei der Pflege von Kübelpflanzen sollte man beachten, dass sie auf keinen Fall frostfest sind. Im Winter sollte die Temperatur zwischen 4 und 7 °C liegen. Im Sommer dürfen 29 °C nicht überschritten werden.

Die weißen Blüten haben einen schwachen Duft und erscheinen einzeln oder in kleinen Büscheln in den Blattachseln. Die ovalen Früchte haben in der Regel eine gelbe Schale und werden bis zu 10 cm lang und 6 cm dick. Typisch ist das mehr oder weniger zugespitzte Ende. Das hellgelbe, sehr saure Fruchtfleisch enthält meistens einige Samen.

Kumquats sind mit Zitrusfrüchten eng verwandt. Die kleinen, leicht säuerlichen Früchte können aber mitsamt der Schale gegessen werden.

KUMQUAT (*FORTUNELLA* SPEC.)

Die Kumquat, auch Zwerg-Orange genannt, ist mit den Zitrusfrüchten eng verwandt und gehört wie sie zu den Rautengewächsen. Die Zweige der bis zu 2 m hoch werdenden Sträucher sind mit Dornen bewehrt. Die Pflanzen sind bis –8 °C frostfest. *Fortunella margarita* ist mit den 2 bis 4 cm langen, ovalen oder rundlichen Früchten am häufigsten erhältlich. Weitere Arten sind *F. japonica* und *F. hindsii*.

Die Schale ähnelt der einer Orange. Das Fruchtfleisch ist in drei bis sechs Segmente aufgeteilt und enthält meistens einige Samen. Das Besondere an der Kumquat ist, dass sie mit Schale verzehrt wird. Daher sind die Früchte immer unbehandelt und auch nicht so lange wie gespritzte Zitrusfrüchte haltbar.

Die Kumquat stammt ursprünglich aus China, wo sie schon seit Jahrhunderten angebaut wird. 1846 gelangte sie zunächst nur als Zierpflanze nach Europa. Heute wird sie in Japan, Amerika und im Mittelmeerraum angebaut.

ZITRUSFRÜCHTE UND KUMQUAT VERMEHREN

Bei der Anzuchtschale für Zitrusfrüchte muss man darauf achten, dass die Erde nicht austrocknet und die Temperatur gleichmäßig bleibt.

Viele Zitrusfrüchte sind heute kernlos gezüchtet. Dennoch gibt es immer wieder Sorten im Handel, die noch einige Samen enthalten. Die Anzucht von Zitruspflanzen aus Samen erfolgt in der Regel bei allen Arten auf dieselbe Weise. Die Kerne werden den Früchten entnommen, lauwarm abgewaschen und sofort ausgesät. Je zwei bis drei Samen werden in ein Torftöpfchen oder ein Töpfchen mit Anzuchterde gesetzt und dünn mit Substrat bedeckt. Die Anzuchtschale stellt man nun warm (20 bis 25 °C) und sorgt dafür, dass die Erde nicht austrocknet. Die Keimung erfolgt frühestens nach drei Wochen, häufig auch viel später.

Die kleinen Pflänzchen müssen immer hell und warm stehen und brauchen viel Wasser. Sobald sich drei bis vier Blätter entwickelt haben, topft man zum ersten Mal in Blumenerde um. Im Sommer wird einmal wöchentlich gedüngt, wobei die Erde zuvor nicht ausgetrocknet sein darf. Einmal jährlich wird umgetopft, für größere Pflanzen reicht ein Topf von 30 cm Durchmesser aus.

Zuckerrohr

Zuckerrohr ist eine typische Nutzpflanze, die weltweit auch bis in die subtropischen Regionen angebaut wird.

Allgemeines: Das Zuckerrohr (*Saccharum officinarum*) gehört wie alle Getreidearten und der Bambus zur Familie der Süßgräser (*Poaceae*). Das immergrüne, schilfartige Gras kann bis zu 6 m hoch und etwa 20 Jahre alt werden. Der Stammdurchmesser beträgt bis zu 7 cm.

Herkunft: Die Pflanze stammt ursprünglich aus Neuguinea und wird schon seit Jahrtausenden in Asien kultiviert. Etwa im 8. bis 9. Jahrhundert brachten die Araber das Zuckerrohr in den Mittelmeerraum. 1493 führte es Kolumbus in Mittelamerika ein.

Blätter: Die spitz zulaufenden Blätter sind zweizeilig am Spross angeordnet und können bis zu 1,5 m lang werden.

Blüten: Die silbrig-weißen Blüten erscheinen in bis zu 1 m langen, feinen Rispen.

Früchte: Bei Kultursorten werden in der Regel keine Samen gebildet. Die Vermehrung der Pflanzen erfolgt vegetativ.

Besonderheiten: Zum Verzehr ist nur der in den Fasern enthaltene Zucker geeignet. Man zerschneidet das Zuckerrohr in kleine Stücke und kaut so lange, bis der Zucker herausgelöst ist.

Vermehrung Schritt für Schritt: Mit einer Säge oder einem scharfen, stabilen Messer wird das Zuckerrohr in 10 bis 12 cm lange Stücke geschnitten, in deren Mitte sich jeweils ein Knoten befinden muss. Entfernt man vorsichtig die häutige Scheide beiderseits des Knotens, sieht man die Knospe, das so genannte Auge, aus der sich später die neue Pflanze entwickelt.

Ein ausreichend großer Blumentopf wird zu drei Viertel mit Anzuchterde gefüllt. Darauf legt man den Zuckerrohrabschnitt und bedeckt ihn 2 bis 3 cm hoch mit Substrat. Dann stellt man den Topf an einen Platz mit Bodenwärme (25 bis 30 °C) und hält die Erde feucht. Frühestens nach zwei bis drei Wochen erscheint der neue Trieb.

Von nun an muss die Pflanze immer hell und warm stehen. Ein das ganze Jahr über gleich bleibend warmes Klima ist ideal. Zudem liebt sie hohe Luftfeuchtigkeit. Einmal im Monat wird gedüngt.

Die seltenen Mangostanen zeichnen sich durch ein besonders zartes Fruchtfleisch mit einem sehr schmackhaften Aroma aus.

Die Nashi ist eng mit unserer Birne verwandt, besitzt aber eine etwas andere Form und hat ein sehr knackiges und saftiges Fruchtfleisch.

Mangostane (*Garcinia mangostana*)

Die Mangostane ist ein immergrüner, langsam wachsender Baum, der bis zu 25 m hoch werden kann. Die ursprüngliche Heimat dieser Pflanze ist Malaysia. Heute wird die Mangostane in vielen Tropengebieten angebaut. Allerdings erfolgt die Kultivierung nicht in hohem Maße. Gelegentlich gelangen die Früchte auch bei uns auf den Markt.

Die kugeligen Früchte werde 4 bis 7 cm groß und besitzen eine harte, rotbraun bis dunkelviolett gefärbte Schale. Am Stielansatz sind die vier trockenen Kelchblätter erhalten. Im Innern befindet sich das zarte, weiße, sahnig-süße Fruchtfleisch, das in mehrere Segmente unterteilt ist und leicht herausgelöst werden kann. Die gelbgrünen Samen sind länglich und können mitgegessen oder für die Aussaat verwendet werden. Allerdings gibt es auch viele Früchte ohne Samen. Die Vermehrung erfolgt ähnlich wie bei anderen Beerenfrüchten (zum Beispiel Papaya oder Tamarillo, siehe Seite 61 und 67).

Nashi (*Pyrus pyrifolia*)

Die Nashi wird auch als Orientalische Birne, Chinesische Birne oder Apfelbirne bezeichnet. Sie stammt ursprünglich aus Ostasien. Die bis zu 15 m hoch werdenden Bäume gehören zur Familie der Rosengewächse (*Rosaceae*). Die Blätter sind länglich eiförmig. Die weißen Blüten werden 3 bis 4 cm groß.

Die Früchte dieser Pflanzen sind eng mit unseren Birnen verwandt. Sie werden etwa 10 cm groß und bekommen eine gelbliche oder hellbraune Schale. Das Fruchtfleisch ist sehr hell, etwas durchscheinend, sehr knackig und saftig. Im Kerngehäuse befinden sich wie bei unseren Birnen mehrere Samen. Mittlerweile wird die Nashi recht häufig nach Europa exportiert und im normalen Obsthandel angeboten. Daher lohnt es sich auf alle Fälle, das leckere Fruchtfleisch zu probieren und gleichzeitig die enthaltenen Kerne für die Aussaat zu verwenden. Feuchte Anzuchterde von etwa 20 °C reichen aus. Die Keimung kann allerdings zwei bis drei Monate beanspruchen.

Pitahayas mit dieser leuchtend roten Farbe gelangen bei uns relativ häufig auf den Markt und dienen gerne auf Buffets als Dekoration.

Die Salak gelangt bei uns nur selten in den Handel, am ehesten in den Monaten Januar bis April. Die Frucht schmeckt erfrischend säuerlich.

Pitahaya (*Hylocereus* spec.)

Die Pitahaya gehört auch zu den Kakteen, bildet jedoch keine Dornen. Die Heimat der Pitahaya ist Mittelamerika, sie wird aber mittlerweile in vielen Tropengebieten angebaut. Die Früchte gelangen wegen ihres attraktiven Aussehens immer häufiger bei uns auf den Markt. Sie sind etwa apfelgroß, haben eine ovale Form und sind leuchtend rot oder goldgelb gefärbt. Die Schale besteht aus warzenähnlichen Schuppen. Das Fruchtfleisch ist meistens weißlich, gelblich oder rosafarben. Die zahlreichen schwarzen Samen sind weicher als bei den Kaktusfeigen der Gattung *Opuntia* und können daher mitgegessen werden. Das Besondere dieser Frucht ist die dicke, auffällig gefärbte Schale, die aus warzenähnlichen Schuppen besteht, wodurch die Pitahaya auf jedem Buffet einen attraktiven Blickfang darstellt. Die Vermehrung erfolgt ähnlich wie bei den Kaktusfeigen (siehe Seite 45).

Eine weitere Besonderheit dieser Kaktuspflanzen sind die weißen Blüten, die mit einer Länge von bis zu 30 cm und einem Durchmesser von etwa 25 cm zu den größten Blüten der Welt gehören. In ihrem natürlichen Lebensraum blühen diese Kakteen zur Regenzeit von Juni bis September.

Salak (*Salacca zalacca*)

Salaks sind Früchte einer südostasiatischen Palmenart, die bis zu 6 m hoch werden kann und stark bedornt ist. Die Pflanze besitzt eine buschige Wuchsform und zählt zu den Fiederpalmen. Sie wird hauptsächlich in Malaysia und Indonesien angebaut.

Die 5 bis 8 cm großen Steinfrüchte sind oval oder spindelförmig, rotbraun gefärbt und mit zahlreichen Schuppen besetzt. Da die glänzende Schale wie die Haut einer Schlange wirkt, wird die Salak auch manchmal als Schlangenhautfrucht angeboten.

Die Erntezeit ist von Januar bis April, sodass auch nur in dieser Zeit die Früchte auf dem Markt erhältlich sind. Die ungenießbare Schale ist dünn und brüchig und lässt sich leicht mit dem Finger abschälen. Das beigefarbene Fruchtfleisch ist fest und glatt. Es ist meistens in drei, manchmal auch mehr Segmente unterteilt, die leicht voneinander zu trennen sind. In der Mitte von jedem Segment befindet sich ein großer, rundlicher, glänzend brauner Same, der nicht mitgegessen werden darf. Die Samen werden einzeln in kleine Töpfe mit Anzuchterde gesetzt. Anzucht und Pflege der Pflanzen ist vergleichbar mit der Dattelpalme (siehe Seite 31).

Exoten – lecker und gesund

Exotische Früchte für die Küche

Die Kumquat ist eine ziemlich pflegeleichte Pflanze, die schon als kleines Bäumchen Früchte trägt. Das Besondere der zahlreich zur Verfügung stehenden Früchte ist, dass man sie mit Schale verzehrt.

Je nach Art und Sorte werden exotische Früchte auf unterschiedliche Weise verzehrt, wobei in der Regel das makellose Fruchtfleisch – manchmal mit und manchmal ohne Samen und Schale – gegessen wird. Worauf man bei den häufigsten Früchten achten sollte, wird im Folgenden beschrieben.

Roh oder gekocht?

- **Ananas** kann roh oder auch gekocht in Verbindung mit pikanten Gerichten verzehrt werden. Frische Ananas ist ein wichtiger Bestandteil von Obstsalaten und pur gegessen eine bekömmliche Zwischenmahlzeit. Den frischen Saft kann man zum Zubereiten von Mixgetränken verwenden, die dann mit frischen Ananasschiffchen verziert werden.
- Die meisten **Avocados** werden nur roh verzehrt, da sich beim Kochen Bitterstoffe bilden. Es gibt aber auch Sorten, die für warme Gerichte geeignet sind. Sie sollten jedoch nur vorsichtig erwärmt und nicht gekocht werden. Für die Zubereitung halbiert man am besten die Frucht, löst den großen Samen heraus und entnimmt das Fruchtfleisch mit einem Löffel. Auf diese Weise lässt es sich vollständig von der ungenießbaren Schale lösen.
- Die Schale der **Cherimoyas** ist ebenfalls nicht zum Verzehr geeignet. Die Früchte werden am besten halbiert, dann die Samen entfernt und das weiche Fruchtfleisch ausgelöffelt. Um das Fruchtfleisch weiter zu verarbeiten, kann man es auch durch ein nicht zu feines Sieb streichen, um die Samen abzutrennen.
- Frische **Datteln** sollten beim Kauf eine glatte und pralle Schale besitzen. Im Kühlschrank lassen sie sich noch ein bis zwei Wochen aufbewahren. Wenn die Schale beginnt faltig zu werden, ist es Zeit, sie zu verbrauchen. Datteln werden roh verzehrt. Der große Samen im Innern der Frucht, der noch von einem hauchdünnen, silbrigen Häutchen umgeben ist, wird nicht mitgegessen.

- **Feigen** sind sehr druckempfindlich und sollten möglichst bald nach dem Einkauf verzehrt werden. Zur Aufbewahrung legt man sie am besten nebeneinander auf ein Küchenkrepp oder Seidenpapier in den Kühlschrank. So halten sie noch einige Tage. Die Schale ist häufig weißlich bereift. Sie ist zwar genießbar, sollte aber besonders bei den dickschaligeren Sorten nicht mitgegessen werden.
- Frische **Granatapfelkerne** mit dem umgebenden Fruchtfleisch werden zur Dekoration sowie als geschmacklicher Kontrast über pikante Gerichte und Süßspeisen gestreut und für Obstsalate verwendet. Einfacher ist dagegen die Verwertung des Saftes. Um den Saft zu gewinnen, wird der Granatapfel mit der Handfläche kräftig über eine harte Oberfläche gerollt, bis man im Innern das Fruchtfleisch knacken hört. Sind die meisten die Samen umgebenden Kammern aus Fruchtfleisch zerplatzt, schneidet man ein Loch in die Schale und drückt den Saft vorsichtig aus oder trinkt ihn direkt mit einem Trinkhalm.

Feigen verzehrt man je nach Sorte mit oder ohne Schale. Die Samen werden aber immer mitgegessen.

- **Guaven** werden grün und hart geerntet und reifen auf dem Transport nach. Reife Früchte geben auf Druck leicht nach, fühlen sich manchmal sogar weich an. Zum rohen Verzehr werden die Samen mit der schleimigen Substanz entfernt und das Fruchtfleisch aus der Schale herausgelöffelt. Das Fruchtfleisch kann man auch in Obstsalaten oder Quarkspeisen verarbeiten.
- **Kakis** und **Sharons** werden nur zur Zubereitung von süßen Speisen verwendet, und zwar roh für Obstsalate und Eis, gekocht für Konfitüren oder überbacken für Desserts.
- **Kaktusfeigen** genießt man roh. Zuvor legt man sie am besten einige Zeit in kaltes Wasser, da sich dann die kleinen Dornen mit einer Bürste gut entfernen lassen, wobei das Tragen von Handschuhen zu empfehlen ist. Die Früchte können dann geschält werden oder man halbiert sie und löffelt den Inhalt aus.
- Das Fruchtfleisch von **Litschis** und **Rambutans** wird frisch verzehrt oder als Kompott gegessen. Es eignet sich auch als Beigabe zu Fleisch- und Fischgerichten.
- Bei **Mangos** schneidet man nach dem Schälen das Fruchtfleisch längs und quer ein, um anschließend die einzelnen Fruchtfleischwürfel vom Samen abtrennen zu können. Das Fruchtfleisch wird pur gegessen, Obstsalaten beigefügt oder zu Eis und vielen weiteren süßen und pikanten Gerichten verarbeitet.
- **Papayas** haben eine glatte, aber ungenießbare Schale. Das gelblich oder intensiv orange gefärbte Fruchtfleisch besitzt eine cremige, aber dennoch feste Konsistenz und wird roh verzehrt. Die zahlreichen kugeligen, pfefferkorngroßen, schwarzen Samen werden nicht mitgegessen und vor dem Verzehr mitsamt der umgebenden, geleeartigen Masse entfernt.
- **Passionsfrüchte** kann man aufschneiden und das Fruchtfleisch mitsamt den Kernen auslöffeln. Die Kerne mit dem umgebenden Fruchtfleisch können auch in Obstsalate gegeben werden.

Inhaltsstoffe und Gesundheitswert

Ob Kumquat, Kapstachelbeere oder Kaktusfeige – die meisten exotischen Früchte besitzen wertvolle Inhaltsstoffe wie Vitamine, Mineralstoffe oder besondere Enzyme und lassen sich für eine gesunde Ernährung sinnvoll einsetzen.

Exotische Früchte sind nicht nur dekorativ und bringen Abwechslung in den Speiseplan. Viele von ihnen sind auch reich an wertvollen Inhaltsstoffen und besitzen daher eine gesundheitsfördernde und teilweise sogar heilende Wirkung. In vielen Heimatländern von exotischen Früchten sind deren Heilkräfte in der Volksmedizin bekannt. Aber auch bei uns lassen sie sich bei einer Vielzahl von Erkrankungen und Beschwerden anwenden oder als wirksames Schönheitsmittel einsetzen.

Von Ananas bis Zitrusfrucht – es lohnt sich einen Blick auf die „tropische Apotheke“ zu werfen und man wird vielleicht überrascht sein, was alles in den Exoten steckt. Selbst die nur zeitweise bei uns im Handel erhältliche Kapstachelbeere (*Physalis peruviana*), auch Andenbeere genannt, ist ein gesunder Vitaminspender im Kleinformat und eine Zierde für viele Desserts (siehe Seite 86). In Verbindung mit fettarmen Produkten ist sie für eine ausgewogene Ernährung von Diabetikern geeignet. Bitte nicht verwechseln mit ihrer heimischen Verwandten, der Lampionblume, deren Früchte nicht essbar sind. Zitrusfrüchte enthalten viel Vitamin C sowie wertvolle Mineralstoffe und stärken so die Abwehrkräfte.

Profi Tipp von mein schöner Garten

Erfahrungsgemäß geht beim Schälen und Zerschneiden der Ananas sehr viel Saft verloren. Fangen Sie ihn in einer Schüssel auf und trinken ihn pur zur Verdauungsförderung oder verarbeiten Sie ihn bei den Rezepten weiter. Beim Verzehr größerer Mengen Ananas können Reizungen der Mundschleimhäute auftreten, die allerdings harmlos sind und schnell wieder abklingen.

Fruchtig gesunde Exotik im Überblick

Avocado

Grüne und gelbe Kiwi

Kaktusfeige

Ananas: Durch das Eiweiß spaltende Enzym Bromelain, wirkt die Ananas verdauungsfördernd, entschlackend und harntreibend. Daher ist sie besonders empfehlenswert nach eiweißreichen Speisen zur besseren Verdauung. Durch Erhitzen und Konservieren geht die Wirkung weitgehend verloren.

Avocado: Die Avocado hat zwar einen hohen Kalorien- und Fettgehalt von bis zu 30 %, aber das Fett besteht weitgehend aus mehrfach ungesättigten Fettsäuren, die den Cholesterinspiegel senken und somit Herz-Kreislauf-Erkrankungen vorbeugen. Das cremige Fruchtfleisch schützt den Magen vor Übersäuerung.

Cherimoya: Diese Frucht ist reich an Kalzium, Eisen und Phosphor und enthält viel Niacin sowie die Vitamine B1 und B2.

Dattel: Datteln enthalten zwar viel Kalium, Kalzium, Phosphor und Eisen, aber auch viel Zucker, der für den hohen Kaloriengehalt verantwortlich ist. Bei starker geistiger oder körperlicher Belastung sind sie daher schnelle Energiespender. Die zahlreichen Ballaststoffe sorgen für eine leicht abführende Wirkung.

Erdnuss: Die Erdnusssamen enthalten 42 bis 55 % Fett und 24 bis 35 % Eiweiß, daher ist ihr Kaloriengehalt sehr hoch. Aus ihnen wird wichtiges Speiseöl gewonnen.

Feige: Die Feige hat den höchsten alkalischen Wert aller Lebensmittel und lindert daher Beschwerden, die durch übermäßige Magensäureproduktion verursacht werden. Die Früchte sind besonders reich an Kalium und Ballaststoffen.

Granatapfel: Der Saft ist reich an Fruchtsäuren und Kalium. Er reguliert die Magen-Darm-Tätigkeit und wirkt leicht stopfend. Er hilft auch gegen Arteriosklerose, Bluthochdruck und Halsentzündungen.

Guave: Die Früchte enthalten extrem viel Vitamin C. Auch der Gehalt an Kalium und Magnesium ist recht hoch. Nachweislich wirken sie blutdruck- und cholesterinsenkend. Sie erniedrigen den Blutzuckerspiegel und sind daher auch für Diabetiker geeignet.

Ingwer: Die Wurzel enthält ein scharf schmeckendes Gemisch aus Harzen und ätherischen Ölen, den Geruchsstoff Zingiberol und das Eiweiß spaltende Enzym Zingibain. Ingwer gilt als Heilmittel bei Magenleiden, Verdauungsstörungen und Rheuma und wird auch äußerlich bei Verletzungen angewandt.

Kaki: Kakis und Sharons haben einen hohen Gehalt an Vitamin A und besitzen wertvolle Mineralstoffe. Sie stärken die Abwehrkräfte und werden wegen ihres säurearmen Fruchtfleisches auch von Menschen mit empfindlichem Magen vertragen. Beide Früchte sind auch für die Kleinkinderernährung geeignet.

Kaktusfeige: In Maßen verzehrt, helfen Kaktusfeigen gegen Verstopfung. Allerdings sollten Personen mit einem empfindlichen Verdauungssystem die Samen nicht mitessen.

Fruchtig gesunde Exotik im Überblick

Litschi

Papaya

Passionsfrucht

Karambola: Die Sternfrucht enthält viel Vitamin C, Magnesium und Phosphor sowie zahlreiche organische Säuren. Der säuerliche Geschmack kommt durch die Oxalsäure zustande. Der Saft der Karambola ist erfrischend und durstlöschend und soll fiebersenkend wirken.

Kiwi: Die grünen Früchte enthalten viel Vitamin C und sind reich an Kalium, Magnesium, Phosphor und Eisen. Sie wirken harntreibend und blutreinigend. Das Eiweiß spaltende Enzym Actinidin wirkt wie ein Fleischzartmacher und fördert die Verdauung. Täglich eine frische Kiwi stärkt die Abwehrkräfte.

Kumquat: Der hohe Gehalt an Vitamin A und C stärkt die Abwehrkräfte. Kumquats kommen immer ungespritzt auf den Markt, weil die zuckerhaltige Schale mitgegessen wird.

Litschi und **Rambutan:** Diese Früchte sind zwar nicht reich an Vitaminen (außer Vitamin C) und Mineralstoffen, aber sie sollen sowohl körperlich als auch seelisch entlastend wirken. Sie werden nach einer reichhaltigen Mahlzeit gereicht und sollen bei Depressionen helfen.

Loquat: Die Loquat enthält viel Kalzium und Phosphor und ist reich an Vitamin A. Die gerbstoffhaltigen Blätter werden in der Volksmedizin als Mittel gegen Durchfall verwendet. Die Früchte wirken beruhigend und helfen gegen Erbrechen.

Mango: Diese Frucht ist besonders reich an Vitamin A, C und E. Aufgrund ihres ausgewogenen Mineralstoffgehaltes und des säurearmen Fruchtfleisches, ist die Mango auch für Menschen mit empfindlichem Magen und für Kleinkinder zu empfehlen.

Melonen: Melonen sind zwar nicht reich an Vitaminen, aber als kalorienarmer Durstlöscher besonders im Sommer beliebt. Sie regen die Nierentätigkeit an. Dank ihrer alkalischen Wirkung helfen sie bei Magenübersäuerung.

Papaya: Alle Pflanzenteile der Papaya besitzen verschiedene heilende Wirkungen. Die Früchte enthalten viel Vitamin A und C, Kalium sowie das Eiweiß spaltende Enzym Papain. Es hilft gegen hartnäckige Verdauungsbeschwerden. Das säurearme Fruchtfleisch ist auch für Menschen mit empfindlichem Magen geeignet.

Passionsfrucht: Maracujas enthalten viel Vitamin A und C und sehr viel Niacin. Auch der Eisengehalt ist für Obst sehr hoch, ebenso enthalten sie viel Kalium und Magnesium. Sie wirken als Muntermacher und unterstützen die Funktion des Nervensystems.

Pinienkerne: Diese Samen mit dem zarten Aroma enthalten viel Fett und sind somit auch recht kalorienreich. Da das Fett schnell ranzig wird, sollten die Kerne nicht lange aufbewahrt, sondern frisch verzehrt werden.

Tamarillo: Die Baumtomate enthält viel Vitamin A und C. Sie stärkt die Abwehrkräfte und ist kalorienarm.

Vitamin C für den Körper

Die chemische Bezeichnung für Vitamin C ist Ascorbinsäure. Der Wortstamm dieses Namens weist auf die Mangelkrankheit Skorbut hin, die früher vor allem von Seefahrern gefürchtet wurde. Zu den Symptomen zählen Blutungen, Zahnfleischentzündungen und Lockerung der Zähne. Glücklicherweise tritt bei dem heutigen großen Angebot an Vitamin-C-haltigem Obst und Gemüse diese Mangelerscheinung nur noch höchst selten auf.
Nach neueren Erkenntnissen werden heute 400 mg an Ascorbinsäure täglich empfohlen. Da dieses Vitamin nicht über längere Zeit vom Körper gespeichert werden kann, müssen wir regelmäßig, am besten durch mehrere Obst- oder Gemüsemahlzeiten über den Tag verteilt oder durch Vitamin-C-haltige Getränke, die notwendigen Mengen aufnehmen.
Vitamin C spielt u. a. eine bedeutende Rolle bei der Kollagenbildung oder beim Aufbau von Knochen und Zähnen. Darüber hinaus stärkt Ascorbinsäure die Abwehrkräfte gegen Krankheiten. Rauchen, Alkoholkonsum und starke emotionale Belastungen erhöhen den Vitamin-C-Bedarf. Eine Überdosierung von Vitamin C im Körper ist unschädlich, da die überschüssige Substanz einfach ausgeschieden wird.

Besonders in den Wintermonaten, wenn bei uns kaum frisches Obst geerntet werden kann, ist es sinnvoll die verschiedenen Zitrusfrüchte als Vitaminspender zu nutzen.

Granatäpfel sind reich an Fruchtsäuren und enthalten viel Kalium. Ihr Saft fördert die gesunde Magen-Darm-Funktion.

Kalium für die Gesundheit

Da Kalium regelmäßig ausgeschieden wird, muss es ständig durch die Nahrung ersetzt werden. Es ist u. a. bei der Aktivierung vieler Enzyme beteiligt, beeinflusst die Proteinsynthese und bestimmt hauptsächlich die Reizleitung im Herzen, regelt also maßgeblich die Herztätigkeit mit.
Normalerweise tritt bei ausgewogener Ernährung kein Kaliummangel auf. Allerdings können der Missbrauch von Abführmitteln, eine überhöhte Kochsalzaufnahme oder übermäßige Schweißproduktion durch sportliche Betätigung zu einer überhöhten Kaliumausscheidung führen. Bei gesunden Nieren schadet eine überhöhte Kaliumaufnahme nicht, da überschüssiges Kalium innerhalb kurzer Zeit ausgeschieden wird.
Da heutzutage viele Menschen dazu neigen, sich zu natriumreich und zu kaliumarm zu ernähren, was zum Beispiel zu Bluthochdruck führen kann, sollte man auf eine salzärmere, aber dafür kaliumreichere Ernährung achten.

Pikante Leckereien

Asiatischer Mangosalat

Zutaten für 4 Personen
400 g gemischtes Salatgemüse (roter Rettich, Gurke, Karotte)
1 Mango
20 ml Thai-Fischsoße „Nam Plaa"
50 ml Limettensaft
30 ml Zuckersirup, 20 ml Wasser
1 Knoblauchzehe, fein gehackt
Salz, Pfeffer
etwas Thai-Chilisoße oder Sambal
50 g Erbsen-, Soja- oder Bohnensprossen

Das Salatgemüse gut waschen und in dünne Scheiben oder Streifen hobeln. Die Mango schälen, halbieren, entsteinen und in dünne Scheiben schneiden. Für die Thai-Vinaigrette nun die Fischsoße, den Limettensaft, Zuckersirup, Wasser, Knoblauch, Salz und Pfeffer in einer Salatschüssel verrühren und mit Chilisoße oder Sambal scharf abschmecken. Abschließend Rettich, Gurke, Karotte, Mango und Sprossen mit der Soße vermischen und auf vier Tellern anrichten. Und schon haben wir einen leckeren Exotensalat gezaubert.

Bruschetta mit Thunfisch-Avocado-Tatar

Zutaten für 8 Stück
200 g frischer Thunfisch
1 Frühlingszwiebel
1/2 Avocado
100 g Cocktailtomaten
1/2 unbehandelte Limette
1 TL Wasabipaste, 4 EL Kikkoman Sojasoße
1 Prise weißer Pfeffer
40 g Butter, 8 Scheiben Baguette
einige Korianderblättchen

Den Thunfisch kalt abspülen, Frühlingszwiebel putzen und waschen, Avocadofruchtfleisch auslösen, Cocktailtomaten waschen, alles fein würfeln und mischen. Etwas Limettenschale abreiben und die Frucht auspressen. 2 EL Limettensaft, Wasabipaste und Sojasoße verrühren, mit der Thunfisch-Mischung vermengen und mit Pfeffer würzen. Die Butter mit der geriebenen Limettenschale verrühren. Baguettescheiben im Backofen oder Toaster rösten, mit Limettenbutter bestreichen, mit Thunfisch-Avocado-Tatar belegen und mit Koriander garniert servieren.

Als Vorspeise oder kleines Gericht zu einem leckeren Glas Wein eignen sich frische Feigen mit einem passenden Käse. Auf einer schönen Platte werden halbierte Feigen mit Ricottakäse angeordnet und mit Salz, Pfeffer und Olivenöl gewürzt. Am besten passt dazu ein frisches Weißbrot. Alternativ lassen sich Feigen auch gut mit edlen Schinkenscheiben kombinieren.

Olivenfladen mit Sonnenblumenkernen

Zutaten für 16 Stück
125 g USA-Sonnenblumenkerne
125 g saure Sahne (Zimmertemperatur)
125 ml lauwarmes Wasser
20 g frische Hefe, 1 TL Meersalz
1 1/2 TL getrockneter Oregano
250 g Weizen und 50 g Roggen, fein gemahlen
100 g schwarze Oliven (in Salzwasser eingelegt)
Zum Bestreuen: 2–3 EL USA-Sonnenblumenkerne, für das Blech Butter

Für die Olivenfladen die Sonnenblumenkerne hellgelb rösten, abkühlen lassen. Saure Sahne, Wasser, Hefe und Salz in einer Schüssel verrühren, bis die Hefe aufgelöst ist. Den Oregano und das Vollkornmehl mit den Knethaken unterrühren. Den Teig 10 Minuten durchkneten. Dann etwa 45 Minuten zugedeckt bei Zimmertemperatur gehen lassen. Die Oliven entkernen, in Streifen schneiden und mit den gerösteten Sonnenblumenkernen unter den Teig kneten. Mit einem nassen Esslöffel 16 Teigstücke abstechen und zwischen den angefeuchteten Händen zu flachen Fladen drücken. Die Fladen auf ein gefettetes Blech legen, mit Sonnenblumenkernen bestreuen, andrücken. Bei 225 °C 35 Minuten backen.

Fruchtig süß – Mixgetränke & Co.

Aus einer ausgehöhlten Honigmelone und Fruchtstückchen von Erdbeeren, Kiwi, Orange, Wasser- und Honigmelone lässt sich ein leckerer Obstsalat anrichten, der auf jedem Tisch garantiert zum Blickfang wird.

Aus exotischen Früchten kann man viele leckere Obstsalate und Mixgetränke leicht zubereiten. Lassen Sie sich von den folgenden Rezepten inspirieren und genießen Sie ein Hauch fruchtiger Exotik.

Heisse Früchte mit Granatapfel

2 Kiwis
2 Granatäpfel
1 Mango
1 Banane
1 Karambola (Sternfrucht)
2 EL Butter
etwas brauner Rohrzucker, Zitronensaft und Rum

Die Kiwis, Mango und Banane schälen und mit der gewaschenen Karambola in Scheiben schneiden. Anschließend 2 EL Butter erhitzen und die Früchte darin andünsten. Mit braunem Rohrzucker bestreuen und etwas Rum und Zitronensaft darüber träufeln. Die Fruchtkerne von zwei Granatäpfeln darüber streuen und heiß servieren. Nach Belieben mit Minzblättern garnieren.

Profi Tipp von mein schöner Garten

Obstsalat Grenadilla: Beliebiger Obstsalat zum Beispiel aus Ananas, Kiwi, Litschi und Orangen mit dem ausgelöffelten Inhalt von einigen Passionsfrüchten vermischen. Man würzt mit Zitronensaft und Rum und serviert den Salat anschließend sehr kalt mit Schlagrahm oder Vanillesoße.

Melonenkugeln mit Eierlikör

1 Melone
Eierlikör
Pinienkerne oder Pistazien

Nachdem die halbierte Melone entkernt ist, sticht man kleine Kugeln davon aus, türmt sie auf Tellerchen und gießt Eierlikör darüber. Zum Garnieren streut man abschließend Pinienkerne oder gehackte Pistazien darüber und serviert sofort.

Exotische Früchtebowle

Zutaten für 6 Personen
2 Mangos
1 Ananas
4 Kiwis
3 reife Pfirsiche
200 g Zucker
200 ml Malibu (Rum mit Kokosgeschmack)
1 Flasche trockener Weißwein
1 Flasche trockener Sekt (eisgekühlt)
frische Minze zum Garnieren

Die Mangos, Ananas und Kiwis schälen und dann die Exoten sowie die Pfirsiche in Würfel schneiden. Die Früchte mit dem Zucker vermischen, Malibu zugeben und alles ca. zwei Stunden abgedeckt im Kühlschrank ziehen lassen. Die Früchte-Zucker-Mischung aus dem Kühlschrank nehmen, nochmals umrühren und in Bowleschüsseln füllen. Abschließend den Weißwein dazugießen und mit Sekt auffüllen. Mit Minzeblättern garnieren und servieren.

Exotik-Teriyaki-Drink

Zutaten für 1 Glas
7 cl Orangensaft
7 cl Ananassaft
7 cl Kirschsaft
1 cl Grenadinesirup
1 cl Zitronensaft
1 cl Kikkoman Teriyaki für Fleisch
1/4 Babyananas mit Blättern
2 Cocktailkirschen

Alle flüssigen Zutaten in einen Shaker geben, kräftig mixen und in ein Glas füllen. Die Ananas etwas einschneiden und an den Glasrand stecken, die Cocktailkirschen auf einen Strohhalm stecken und in den Drink geben.

Rambutan-Sekt

Reife, ausgelöste Rambutanfrüchte verteilt man zu je zwei bis vier Stück in Sektgläser, gießt kalten Sekt darüber und serviert kleine Piker dazu. Für die alkoholfreie Variante kann man auch statt dem Sekt Mineralwasser verwenden und mit etwas Zitronensaft und Zuckersirup verfeinern.

Exotik pur – Mangostanen-Sorbet

Vier Mangostanen halbieren, das Fruchtfleisch herauslösen und mit 1 bis 2 EL Zucker fein pürieren. In vier hohe Gläser nun je eine Kugel Vanilleeis geben und darüber das Mangostanen-Püree geben. Die Gläser mit eisgekühltem Sekt auffüllen und servieren. Eine erfrischende süße Verführung!

Raffiniert – Desserts und Kuchen

ANDENBEEREN-TORTE

Die lampionartigen Andenbeeren eignen sich hervorragend zur Verzierung von Torten, Desserts und Kuchen. Die kleine, rundliche Frucht schmeckt angenehm säuerlich.

Zutaten für 1 Torte
4 Eier, 180 g Zucker, 4 EL kaltes Wasser
120 g Mehl, 60 g Mondamin
15 g Kakaopulver
1/2 TL Backpulver
250 g Andenbeeren
90 g Zucker, 1 Päckchen Vanillezucker
300 g Naturjogurt
8 Blatt Gelatine, 400 ml Sahne
10 Andenbeeren zum Garnieren
Springform Ø 26 cm

Den Boden einer Springform mit Backpapier auslegen. Mehl, Mondamin, Kakao und Backpulver vermischen. Die Eier, Zucker und Wasser cremig rühren, die Mehlmischung nach und nach auf die Eimasse sieben und mit dem Schneebesen unterheben. Den Teig anschließend sofort in die Springform füllen und glatt streichen. Im vorgeheizten Ofen ca. 45 Minuten bei 180 °C backen. Danach den Kuchen vorsichtig aus der Form lösen und abkühlen lassen. Daraus nun einen Boden mit 2 cm Dicke abschneiden, auf eine Tortenplatte setzen und mit einem Tortenring umstellen. Vom restlichen Biskuitboden eine dünne Platte (0,5 cm hoch) abschneiden. Die Andenbeeren aus ihrer papierartigen Hülle herausnehmen, pürieren und durch ein Sieb streichen. Mit Zucker, Vanillezucker und Jogurt verrühren. Gelatine nach Packungsangabe auflösen. Erst 5 EL, dann die gesamte Jogurt-Masse mit der Gelatine verrühren. Kurz in den Kühlschrank stellen, bis die Creme andickt. Die steif geschlagene Sahne anschließend unter die Creme heben und die Hälfte der Masse auf dem Tortenboden glatt streichen. Der zweite dünne Tortenboden kann jetzt mittig darauf gesetzt und der Rest der Creme glatt gestrichen werden. Abdecken und ca. drei Stunden im Kühlschrank fest werden lassen. Mit den 10 Andenbeeren abschließend garnieren. Hübsch sieht es aus, wenn man die Andenbeeren mit Hüllen auf die Torte setzt (siehe Foto). Tipp: Bereitet man den Boden am Vortag zu, lässt er sich besser zerschneiden.

Exotisches Quarkdessert

500 g Magerquark
5 Maracujas
1 Orange
1 Guave
1 Sharon
1 Karambola
1 Pitahaya
Zucker nach Geschmack

Die Maracujas halbieren, das Fruchtfleisch und die Kerne mit einem Löffel herausheben und mit einem Mixer kurz aufschlagen. Dann den Saft durch ein Sieb streichen und mit dem Quark verrühren. Die Orange auspressen und den Saft ebenfalls unter den Quark rühren. Die Guave dünn schälen und halbieren. Das weiche Fruchtinnere mit den Samen durch ein Sieb streichen und ebenfalls mit dem Quark verrühren. Das übrige Fruchtfleisch in Stücke schneiden. Nach Geschmack den Quark mit Zucker oder Süßstoff süßen. Die Sharon in Stücke schneiden. Die Karambola in dünne Scheiben schneiden. Die Pitahaya halbieren. Das Fruchtfleisch herauslösen und in Scheiben schneiden. Alle Früchte unter den Quark heben und servieren.

Viele exotische Früchte lassen sich auch zu leckeren Obstsalaten kombinieren. Wer also keinen Quark mag, kann aus den Früchten einfach einen frischen Salat bereiten (siehe Seite 84).

Papaya-Creme

Je 1 reife Papaya und Grapefruit
2 cl Pfefferminzlikör, 250 g Vanilleeis
Sahne zum Garnieren

Die Papaya halbieren, entkernen und das Fruchtfleisch mit einem Löffel herauslösen. Die Grapefruit entsaften. Das Papayafruchtfleisch mit dem Grapefruitsaft, dem Vanilleeis und Pfefferminzlikör pürieren. In Dessertschalen füllen und kalt stellen. Die Creme mit steif geschlagener Sahne und Pfefferminzblättern verzieren.

Dattel-Konfekt

12 Datteln
24 geschälte Pistazien
250 g Marzipanrohmasse
200 g Puderzucker
1 Päckchen Vollmilch-Kuvertüre

Die Datteln auf einer Seite der Länge nach aufschneiden und den Kern entfernen. Je zwei Pistazien in die Dattel setzen und die Frucht wieder schließen. Die Marzipanrohmasse mit dem Puderzucker verkneten und dünn ausrollen. Die Vierecke ausschneiden und die Datteln damit umhüllen. Die Kuvertüre schmelzen und die umhüllten Datteln zur Hälfte eintauchen. Auf einem Gitter auskühlen lassen.

Beim Füllen von Datteln sind der Fantasie keine Grenzen gesetzt. Die Früchte werden auf einer Seite längs aufgeschnitten und der Kern wird herausgelöst. So vorbereitet kann man sie je nach Geschmack süß oder pikant füllen. Hier einige Beispiele:

- Mit flüssiger Kuvertüre oder mit Nougatstückchen füllen und mit Pistazien oder Mandeln verzieren.
- Kandierte Früchte und Mandeln klein hacken, vermischen und in die Datteln füllen.
- Datteln schälen, mit Emmentalerkäse füllen, mit Speck umwickeln und grillen.
- Frischkäse mit Kräutern oder mit Curry würzen, eventuell mit etwas Milch glatt rühren und in die Datteln füllen.

Haltbar – Konfitüren und Chutneys

Auch aus exotischen Früchten lassen sich Konfitüren herstellen. Und es ist gar nicht schwer. Probieren Sie es aus und erfreuen Sie sich lange an den fruchtigen Brotaufstrichen.

Mango-Chutney

Zutaten für etwa 500 g Chutney

6 Mangos
250 g brauner Zucker
250 ml Weißweinessig
1 große Zwiebel
1 frische Peperoni
1 Knoblauchzehe
1 Limette
1/2 TL Zimt
1/2 TL gemahlene Nelken
1 TL Kräutersalz
1 Messerspitze Cayennepfeffer

Mangos schälen, Fruchtfleisch vom Stein lösen und in kleine Stücke schneiden. Zwiebel und Knoblauchzehe schälen und fein hacken. Dann die Peperoni längs halbieren, Kerne entfernen und die Schote in kleine Stücke schneiden. Die Limette schälen, die weißen Häute entfernen und das Fruchtfleisch klein schneiden. Alle Zutaten vermischen und unter Rühren etwa 30 Minuten köcheln lassen. Die Masse muss eine marmeladenähnliche Konsistenz bekommen. Heiß in saubere Gläser füllen, sofort verschließen und dunkel und kühl aufbewahren. Passt zu verschiedenen Fleisch- und Fischgerichten.

Kiwi-Bananen-Konfitüre

500 g Kiwis
500 g Bananen
500 g Gelierzucker 2:1 oder
1000 g Gelierzucker 1:1

Die frischen Kiwi und Bananen schälen und in kleine Würfel schneiden. Die Fruchtmasse anschließend mit dem Gelierzucker gut vermischen und unter Rühren zum Kochen bringen. Etwa vier Minuten unter ständigem Rühren sprudelnd köcheln lassen. Die heiße Konfitüre randvoll in Twist-off-Gläser füllen und mit dem Deckel verschließen. Gläser abschließend umdrehen und fünf Minuten auf dem Deckel stehen lassen.

Kumquat-Relish

250 g Kumquats
250 g Preiselbeeren
1 Nashi
100 g Zucker
100 ml Apfelessig
150 ml Wasser
6 Nelken
2 Zimtstangen

Die Kumquats waschen, in Scheiben schneiden und dabei die Kerne entfernen. Die Preiselbeeren waschen und abtropfen lassen. Die Nashi schälen, das Kerngehäuse entfernen und das Fruchtfleisch in kleine Stücke schneiden. Die Früchte zusammen mit den anderen Zutaten in einen Topf geben, aufkochen und mindestens 15 Minuten köcheln lassen, bis die Masse eine marmeladenähnliche Konsistenz bekommen hat. Danach die Nelken und die Zimtstangen entfernen, das fertige Relish in saubere Gläser füllen und dicht verschließen. Relish besitzt ein fruchtiges, süßsaures Aroma und wird zu pikanten Fleischgerichten gereicht.

Erdbeer-Kumquat-Konfitüre

800 g Erdbeeren
200 g Kumquats
Saft von 2 Orangen
1000 g Gelierzucker 1:1

Die Erdbeeren gut waschen, abtropfen lassen, entstielen und vierteln. Die Kumquats waschen und mit der Schale in feine Scheiben schneiden und die Kerne entfernen. Den ausgepressten Orangensaft mit den Kumquatscheiben erhitzen und 10 Minuten köcheln lassen. Anschließend die Erdbeeren und den Gelierzucker zur Fruchtmasse hinzufügen und alles unter ständigem Rühren vier Minuten sprudelnd kochen lassen. Die heiße Konfitüre randvoll in die Gläser füllen und gut mit Twist-off-Deckeln verschließen. Die Gläser abschließend umdrehen und fünf Minuten auf dem Deckel stehen lassen.

Feigen-Konfitüre

500 g frische Feigen
225 g Gelierzucker 2:1
1 Zitrone
1 EL Rum

Die frischen Feigen waschen und abtrocknen. Stielansätze abschneiden und Feigen in kleine Würfel schneiden. Die Schale kann hier mitgegessen werden. Feigen mit Gelierzucker vermischen. Ca. zwei Stunden ziehen lassen, damit sich genügend Saft bildet. Feigen-Konfitüre unter Rühren zum Kochen bringen. Etwa vier Minuten sprudelnd kochen lassen. Abschäumen und zum Schluss frisch gepressten Zitronensaft unterrühren. Sofort in Twist-off-Gläser füllen. Deckel festschrauben und die Feigen-Konfitüre etwa für fünf Minuten auf den Deckel stellen. Danach umdrehen und erkalten lassen.
Am besten nimmt man Twist-off-Gläser, da sie luftdicht schließen. Gläser und Deckel vorher auskochen. Die Menge reicht für ca. zwei Gläser Feigen-Konfitüre.

Für Schönheit und Wohlbefinden

Exotische Früchte – Mulitalente aus den Tropen. Auch bei einer kleinen Teepause wirken sie äußerst wohltuend.

Exotische Früchte sorgen nicht nur für Besonderheiten bei unserer Ernährung, sondern viele von ihnen enthalten auch wichtige und gesundheitsfördernde Inhaltsstoffe, die zu unserer Schönheit und unserem Wohlbefinden beitragen oder mit denen man sogar die Genesung unterstützen kann.

Avocados zur Hautpflege

Die Fette der Avocado bestehen zum größten Teil aus ungesättigten Fettsäuren, die den Cholesterinspiegel im Blut senken können. Der hohe Tryptophangehalt macht die Avocado zur klassischen „Abendfrucht", da aus Tryptophan das schlaffördernde Hormon Melatonin hergestellt wird. Somit sollte man abends Avocados essen, wenn man unter Schlafstörungen leidet. Das cremige Fruchtfleisch schützt den Magen zudem vor Übersäuerung und Einflüssen aggressiver Substanzen. Aber nicht nur innerlich, sondern auch äußerlich angewandt, zum Beispiel als Gesichtsmaske, steigert das Fruchtfleisch der Avocado unser Wohlbefinden. Der hohe Fettgehalt und die enthaltenen Vitamine sorgen für glatte, reine Haut.

Feigen als Peeling

Die Feige hat den höchsten alkalischen Wert aller Lebensmittel. Daher eignet sie sich hervorragend, um säurehaltige Speisen zu neutralisieren, und lindert Beschwerden, die durch übermäßige Magensäureproduktion hervorgerufen werden. Außerdem enthalten Feigen viel Fruktose und verdauungsfördernde Enzyme, die so genannten Ficine. Diese sind blutreinigend, regen die Verdauung an und wirken wie ein natürliches Abführmittel. Wer unter chronischer Verstopfung leidet, sollte jeden Morgen auf nüchternen Magen frische Feigen essen, die er am Vorabend in Wasser, Milch oder Olivenöl (das ebenfalls leicht abführend wirkt) eingeweicht hat.
Das Enzym Ficin und die vielen kleinen Samenkörnchen im Innern der Frucht entfernen abgestorbene Hautschüppchen auf schonende Weise und lassen die Gesichtshaut wieder frischer und rosiger aussehen. Einfach das Fruchtfleisch von zwei Feigen zerdrücken und mit etwas Wasser wie ein Peeling anwenden. Anschließend mit lauwarmem Wasser abspülen und Feuchtigkeitscreme auftragen.

Kakis fürs Immunsystem

Kakis und Sharons haben einen recht hohen Gehalt an Vitamin A, der allerdings abhängig von Sorte und Farbe der Schale stark variieren kann. Zusammen mit den anderen enthaltenen Vitaminen und Mineralstoffen stärken sie die Abwehrkräfte und fördern das Allgemeinbefinden. Da die Früchte gut verdaulich sind und nicht übermäßig viel Säure enthalten, werden sie auch von Menschen mit empfindlichen Verdauungsorganen vertragen und sind eine gesunde Ergänzung für die Kleinkinderernährung. Frisch gepresster Kakisaft hat sich als schleimlösendes Mittel bewährt und stärkt die Abwehrkräfte.

Kumquats – gesunde Leckereien

Bei der Kumquat sind an Inhaltsstoffen besonders hervorzuheben die Vitamine A und C, die nicht nur die Abwehrkräfte stärken, sondern auch im Körper die schädlichen freien Radikale abfangen.
Die Schale der Früchte enthält ungewöhnlich viel Zucker und ist daher essbar. Aus diesem Grund dürfen die Früchte natürlich nur ungespritzt auf den Markt gelangen.

Kiwis – Vitamin C pur

Kiwis sind reich an Kalium, Magnesium, Phosphor und Eisen und enthalten viel Vitamin C. Besonders in den Wintermonaten, wenn nicht so viel vitaminreiches Obst auf den Markt kommt, ist die Kiwi ideal dafür geeignet Erkältungskrankheiten vorzubeugen. Sie wirkt harntreibend und blutreinigend und wird in der Volksmedizin bei Erschöpfungs- und Schwächezuständen empfohlen.

Litschis für Diäten

Litschis und Rambutans sind nicht besonders reich an Vitaminen und Mineralstoffen, der Vitamin-C-Gehalt bei frischen Früchten kann aber durchaus mit dem von Zitrusfrüchten mithalten. In ihren Heimatländern sagt man ihnen eine entlastende Wirkung sowohl körperlicher als auch seelischer Art nach. Daher werden Litschis gerne als Dessert nach einer reichhaltigen Mahlzeit gereicht und sollen auch gegen Depressionen helfen. Gut geeignet sind Litschis und Rambutan für eine Diät. Nur einige Früchte frisch verzehrt lassen das Hungergefühl für eine ganze Zeit vergessen.

Papaya – Apotheke der Tropen

Die verschiedenen Pflanzenteile der Papaya haben so viele Heilkräfte, dass man sie fast als Apotheke der Tropen ansehen kann. Neben einem hohen Gehalt an Vitamin C und A besitzt die Papaya vor allem einen bedeutenden Inhaltsstoff, das so genannte Papain, dem sie vornehmlich die heilende Wirkung zu verdanken hat. Papain ist ein Eiweiß spaltendes Enzym, das wie ein Fleischzartmacher wirkt und auch als solcher eingesetzt wird. Es fördert die Verdauung und hilft bei hartnäckigen Verdauungsbeschwerden. Auch die entzündungshemmende und abheilende Wirkung geht auf dieses Enzym zurück. Vielerorts werden Papayapflanzen nur zum Zweck der Gewinnung dieser Substanz angebaut. Sie wird in der Pharmazie zur Herstellung von verdauungsfördernden Medikamenten und Enzympräparaten zur Krebsprophylaxe und begleitenden Krebstherapie verwendet.

Mangos – auch für Kleinkinder ein Genuss

Mangos sind besonders reich an Vitamin A und der Vitamin-C-Gehalt liegt höher als bei vielen anderen Obstarten. Die Mango gehört auch zu den wenigen Früchten, deren Vitamin-E-Gehalt einigermaßen hoch ist. In dieser Kombination ergänzen sich die Inhaltsstoffe dieser Frucht ideal und dienen als wirkungsvolle Radikalfänger. Zusammen mit den mittelhohen ausgewogenen Mineralstoffmengen und dem geringen Säuregehalt ist die Mango auch besonders für Menschen mit empfindlichem Magen sowie für die Kleinkinderernährung zu empfehlen.

Adressen

Pflanzen, Sämerein, Rezepte

Agrumi – Citrus Raritäten (ca. 200 Sorten)
Bernhard Voß
Moorende 149
21635 Jork/Niederelbe
www.zitrusgaertnerei.de

flora toskana
Schillerstr. 25
89279 Nersingen, OT Strass
www.flora-toskana.de
(über 300 exotische Pflanzenarten und -sorten)

Centrale Marketing-Gesellschaft der deutschen Agrarwirtschaft mbH (CMA)
Koblenzer Str. 148
53177 Bonn
Tel.: 0228 - 847 0
www.cma.de
(ausführliche und sehr gute Rezeptdatenbank)

CMA
Informationsbüro Deutsche Butter
Nymphenburger Str. 86
80636 München
Tel.: 089 - 12 44 51 24
www.ketchumkitchen.de
(Rezepte mit exotischen Früchten wie z. B. auf Seite 83 oben links und unten sowie Seite 85 oben rechts)

Pflanzenliebhaber-Gesellschaften

Pomologen-Verein e.V.
Geschäftsstelle
c/o Wilfried Müller
Bruenlasberg 52
08280 Aue/Sachsen
www.pomologen-verein.de

Deutsche Citrus-Gesellschaft
c/o Peter Klock
Stutsmoor 42
22607 Hamburg

Interessengemeinschaft Passiflora
c/o Jens Buddrich
Amselstr. 75
24837 Schleswig

Deutsche Bromelien-Gesellschaft e. V.
c/o Pia Rösslein
Burgstaller Str. 21
71737 Kirchberg/Murr
www.dbg-web.de

Deutsche Kakteen-Gesellschaft e. V.
Oos-Str. 18
75179 Pforzheim
www.DeutscheKakteenGesellschaft.de

Botanische Gärten

Gewächshaus für tropische Nutzpflanzen
Universität Kassel
Steinstr. 19
37213 Witzenhausen
Tel.: 05542 - 98 12 31
www.wiz.uni-kassel.de
(interessante Führungen zum Thema exotische Nutzpflanzen)

Landesarboretum – Exotischer Garten mit Hohenheimer Landschaftsgarten
Universität Hohenheim
Filderhauptstr. 169-171
70599 Stuttgart
Tel.: 0711 - 459 0
www.uni-hohenheim.de

Botanischer Garten, Schaugewächshäuser und Tropicarium, Fuchsien-Pavillon, Alpingewächshaus
Eberhard Karls Universität Tübingen
Hartmeyerstr. 121-127
72076 Tübingen
www.uni-tuebingen.de

Register

Halbfette Seitenzahlen verweisen auf Abbildungen.

Mit 128 Farbfotos von:
Andreas Bärtels, Waake: 21 o, 29 li, 30, 45 li, 48, 50, 52, 58, 59 re, 70 re, 72; **Florapress,** Hamburg: 13 ure, 22, 28, 47 li, 77, 84, 89; **Gartenschatz**, Stuttgart: 8 u, 13 o, 29 re, 35 beide, 41 re, 45 re, 47 re, 49 re, 59 li, 67 re, 71 li, 79 alle drei, 80 alle drei, 88 re; **CMA, Informationsbüro Deutsche Butter,** München: 83 u, 85 re; **Roland Krieg,** Waldkirch: 82, 85 li; **Gabriele Lehari,** Reutlingen: 11, 39 u, 65 re, 67 u; **Wolfgang Redeleit,** Bienenbüttel: 71 re; **Reinhard-Tierfoto/Hans Reinhard,** Heiligkreuzsteinach-Eiterbach: 5, 20 o, 21 u, 23, 24, 26, 27, 31 li, 32, 33 li, 36, 38, 39 re, 40, 42, 46, 51 li, 55 li, 56, 57 li, 60, 62, 64, 65 li, 66, 67 li, 68, 69 beide, 70 li, 75, 81 o; **Reinhard-Tierfoto/Nils Reinhard,** Heiligkreuzsteinach-Eiterbach: 2/3, 87; **Ralf Roppelt,** Ludwigsburg: 90; **Manfred Ruckszio,** Taunusstein: 37 li, 39 li, 53 li, 61 li, 73 beide, 74 li; **Stockfood/Roland Krieg,** München: 86, 88 li; **Friedrich Strauß,** Au/Hallertau: 6, 8 o, 9 beide, 10 u, 12 beide, 15, 16, 19, 33 re, 34, 37 re, 51 re, 55 re, 57 re, 61 re, 63 re, 74 re, 76, 83 o; **Alice Thinschmidt, Daniel Böswirth,** A-Wien: 1, 10 o, 25, 49 li, 78, 81 u; **Bernhard Voß,** York: 17; **Xeniel-Dia/Hecker,** Stuttgart: 14, 44; **Xeniel-Dia/Spohn,** Stuttgart: 20, 31 re, 41 li, 43 beide, 53 re, 54, 63 li;

Mit 17 Illustrationen von:
Reinhild Hofmann, München: 7, 11 alle, 25, 27; **KONTUR Graphik & Design/Ulrich Schaper,** Jork: 19 alle drei; **Wolfgang Lang,** Grafenau-Döffingen: 18 alle vier; **Horst Lünser,** Berlin: 13 li, 14, 15 alle drei;

Umschlaggestaltung von Atelier Reichert, Stuttgart, unter Verwendung von zwei Fotos von Friedrich Strauß, Au/Hallertau (Hauptmotiv) und Gartenschatz, Stuttgart (Einklinker).

Bibliographische Informationen der Deutschen Bibliothek Die Deutsche Bibliothek verzeichnet diese Publikation in der Deutschen Nationalbibliographie; detaillierte bibliografische Daten sind im Internet über http://dnb.ddb.de abrufbar.

Gedruckt auf chlorfrei gebleichtem Papier

1. Auflage

ISBN–13: 978–3–440–10585–6
ISBN–10: 3–440–10585–7
Lektorat: Birgit Grimm
Produktion: DOPPELPUNKT Auch & Grätzbach GbR, Leonberg
Grundlayout: Dietmar Grasshoff, Lahr
Printed in Slovakia/Imprimé en Slovaquie

Alle Angaben in diesem Buch sind sorgfältig geprüft und geben den neuesten Wissensstand bei der Veröffentlichung wieder. Da sich das Wissen aber laufend in rascher Folge weiterentwickelt und vergrößert, muss jeder Anwender prüfen, ob die Angaben nicht durch neuere Erkenntnisse überholt sind. Dazu muss er zum Beispiel Beipackzettel zu Dünge-, Pflanzenschutz- bzw. Pflanzenpflegemitteln lesen und genau befolgen sowie Gebrauchsanweisungen und Gesetze beachten.